斯坦福大学最受欢迎的心理课

照着做，你就能掌控情绪

龙小云 ◎ 著

战胜情绪的困扰就是战胜对未来的恐惧

立信会计出版社
LIXIN ACCOUNTING PUBLISHING HOUSE

图书在版编目（CIP）数据

照着做，你就能掌控情绪/龙小云著. -- 上海：立信会计出版社，2015.7

（去梯言）

ISBN 978-7-5429-4620-1

Ⅰ.①照… Ⅱ.①龙… Ⅲ.①情绪－自我控制－通俗读物 Ⅳ.①B842.6-49

中国版本图书馆CIP数据核字（2015）第082605号

策划编辑　蔡伟莉
责任编辑　徐小霞
封面设计　久品轩

照着做，你就能掌控情绪

出版发行	立信会计出版社
地　　址	上海市中山西路2230号　邮政编码　200235
电　　话	（021）64411389　传　真　（021）64411325
网　　址	www.lixinaph.com　电子邮箱　lxaph@sh163.net
网上书店	www.shlx.net　电　话　（021）64411071
经　　销	各地新华书店
印　　刷	北京凯达印务有限公司
开　　本	720毫米×1000毫米　1/16
印　　张	16.25　插　页　1
字　　数	225千字
版　　次	2015年7月第1版
印　　次	2017年8月第7次
书　　号	ISBN 978-7-5429-4620-1/B
定　　价	36.00元

如有印订差错，请与本社联系调换

前　言

　　情绪是对事物的一种最浅显、最直观、最不动脑筋的情感反应，它往往只从维护情感主体的自尊和利益出发，不对事物作智谋上的考虑，这样会使自己处在很不利的位置，为他人所利用。本来，情感离智谋距离就已很远了，情绪更是情感的最表面、最浮躁部分。本着情绪做事，哪里会有理智？不理智，能够获胜吗？显然是不可能的。

　　人们在工作、生活中，常常依从情绪的摆布，头脑一发热（情绪化最典型的表现），什么蠢事都愿意做，什么蠢事都干得出来。比如，因一句无甚利害的谈话，我们便可能与人打斗，甚至拼命；又如，我们因别人给我们的一点假仁假义，而心肠顿软，大犯根本错误；我们可以举出很多因情绪的浮躁、简单、不理智等而犯的过错，大则失国失天下，小则误人误己误事。事后冷静下来，自己也会感到其实可以不必那样。这都是因为情绪的躁动和亢奋，蒙蔽了人的心智所为。

　　面对各种机会、诱惑、困境、烦恼，要想把握自己，就必须控制自己的思想，必须对思想中产生的各种情绪保持警觉，并且视其对心态的影响是好是坏而接受或拒绝。乐观会增强你的信心和弹性，而仇恨会使你失去宽容和正义感。如果无法控制自己的情绪，你将会因为一时的情绪冲动而受害，付出代价。

　　《三国演义》中的刘备怒气难抑，率兵讨伐东吴，结果被火烧连营，导致惨败。第四次中东战争中，以色列第190装甲旅旅长阿萨夫·亚古里与埃及军队第二步兵师先头部队遭遇时，因三次进攻均未成功，便恼羞成怒，孤注一掷把剩余的85辆坦克全部投入战场，结果中计惨败，使85辆坦克在3分钟内毁于一旦。这样的例子很多很多。

一般心性敏感的人，头脑简单的人，年轻的人，常受情绪支配，头脑容易发热。问一问你自己，你爱头脑发热吗？你爱情绪冲动吗？检查一下你自己曾经因此做过哪些错事，犯傻的事，以警示自己。

做人做事不能太情绪化。

聪明人如果不善于驾驭自己的情感，则在情感失控的情形下，比普通人更危险一些。聪明人比庸人更懂得避免祸事；但在冲动的时候，聪明人吃的亏比庸人更大。不会冲动的人是死人，一个只会冲动的人是蠢人，一个能驾驭自己的情感，做到尽量不冲动做事的人是真正聪明的人。

能否理智地驾驭自己的情感，还是区分强者与弱者的方法之一。真正的弱者不在于战胜不了别人，而在于战胜不了自己。他们或多或少地充当着情感的奴隶，受着情感的驱使，少有克制自己的勇气和信心。真正的强者都是驾驭情感的高手，他们控制情感冲动和内心欲望的过程也正是战胜自我、超越自我的过程，而战胜了自我的人大多是生活中的强者。

所以，如果愤怒之时，你能冰释掉心中的火焰；消沉之时你能寻回奋斗的力量；无聊之时你能够将时间用于有意义的忙碌；空虚之时，你能够充实自我；懦弱之时，你能够找回信心，扬帆起程……那么，孤独、忧心、失望、丧气、沉沦永远不能搅扰你。

《照着做，你就能掌控情绪》一书从实用角度介绍掌控情绪的基本方法，告诉读者如何修身养性，如何面对挫折，如何表现自我，如何平衡生活，如何获得重视，可读性强。

书中难免错谬之处，敬请广大读者批评指正！

目 录

第一章 那些伤，为什么还放不下

做个不生气的人 2
气大伤身：生气有损健康 2
气极伤心：生气的极端是绝望 4
气易失和：脾气太大影响人际关系 5
气易失足：别动不动就负气出走 7
气易伤情：绝情的"老死不相往来" 9
情绪掌控术　咽下怨气，才能争气 10

忍得住世界就是你的 13
耐得住寂寞，经得起诱惑 13
忍一时者谋全局 16
看透得失才能不生气 19
独木桥边退一步 21
遇事冲动是"发狂的野马" 22
情绪掌控术　与各种人相处的艺术 24

一较真你就输了 26
有些事不用太较真 26
不要跟李嘉诚比财富 28
计较越少，幸福感越强 30
情绪掌控术　抵达幸福深处的九个台阶 32

第二章　EQ情商：情商比智商更重要

情商：决定个人命运的关键 36
  高校自杀事件为何频频发生 36
  天才与白痴的一步之遥 41
  情绪掌控术　智商重要，情商更重要 46

改变心智，改变情商 49
  情商是可以改变的 49
  提高你的情商 51
  情绪掌控术　自我情绪调节术 53

处理心情，调整心态 55
  不为昨天流泪 55
  微笑面对困境 57
  相信明天更美好 59
  想赢就不怕输 60
  永远不对失败低头 62
  希望之心不灭 64
  情绪掌控术　培养成功心态的20条经验 68

发展人脉，扩大交际圈 71
  好人脉让你与倒霉绝缘 71
  别成为有才华的"穷人" 73
  及早搭建你的人脉圈 74
  多个朋友多条路 76
  再没钱也要站在富人堆里 78
  情绪掌控术　走进人脉E时代 80

第三章　驾驭负面情绪，坚持正向能量

掌控焦虑情绪，忧心忡忡为哪般 86
  失意时你怎么想 86
  警惕"隐形杀手" 87
  走出职业焦虑的陷阱 89
  情绪掌控术　焦虑症的自我预防 91

操纵紧张情绪，生活其实没那么复杂 93
  过度紧张有损身心健康 93
  掌握节奏，张弛有度 94
  解除紧张，保持平衡 96
  情绪掌控术　消除情绪紧张十大妙计 98

推倒自卑情绪，增强自信让人生扬帆远航 101
  自卑者愁眉苦脸 101
  别让自卑感控制你的生活 102
  从相信自己开始 104
  产生自卑的原因 106
  勇敢战胜自卑 107
  情绪掌控术　重建自信的6个方法 108

克制嫉妒情绪，嫉妒会毁掉你的前程 111
  嫉妒伤人又害己 111
  不要被嫉妒玩弄 113
  嫉妒是毒瘤，赞赏是良药 114
  情绪掌控术　向嫉妒说再见 115

驱逐恐惧情绪，可以被环境打败不能被自己打败 ... 118
- 抛弃恐惧心理 ... 118
- 轻度恐惧有益健康 ... 119
- 恐惧的对象和治疗 ... 120
- 情绪掌控术　从恐惧中彻底解脱 ... 122

遣散孤独情绪，在寂寞中寻找快乐的天堂 ... 124
- 孤独会让你显得格格不入 ... 124
- 孤独是现代人的通病 ... 126
- 引起孤独的原因 ... 127
- 情绪掌控术　破除孤独感 ... 129

第四章　卡耐基教你每天学一点超级自控力

人人都需要自控力 ... 134
- 自我控制的能力 ... 134
- 自控力是一种优雅的品质 ... 136
- 成大事者皆需自控 ... 138
- 学会控制你的欲望 ... 141
- 真正聪明的人 ... 145
- 情绪掌控术　富兰克林的特殊训练 ... 149

改掉忧虑与抱怨的习惯 ... 152
- 面对忧虑怎么办 ... 152
- 忙起来，把忧虑赶走 ... 155
- 概率可以战胜忧虑 ... 158
- 适应无法避免的事实 ... 162
- 情绪掌控术　为忧虑画一条界线 ... 166

战胜惰性，每天都要进步 170
别让懒惰伤害了你 170
不肯上进的人是浪费生命 172
利用好闲暇时间 175
手脚勤头脑也要勤 177
勤奋需要有聪明伴随 179
情绪掌控术　征服惰性的六大关键点 181

把拖延从思想中赶走 184
拖延让梦想成空 184
拒绝拖延，提高效率 187
决定了就立刻去做 190
别过分做准备工作 192
列出你的行动计划 194
情绪掌控术　斯迈尔斯的忠告 197

如何在工作中充满活力 200
放松，再放松 200
在感到疲劳前休息 203
解决真正的问题 205
保持愉快的心情工作 208
情绪掌控术　养成良好的工作习惯 210

第五章　墨菲教你用潜意识发现内心的强大

墨菲奇迹的真相 216
墨菲奇迹悄悄诞生于100年前 216
人为幸福而生 218

潜意识成就伟业 219
　　只要想象祈祷，愿望就能实现 220
　　潜意识拥有创造奇迹的力量 222
　　潜意识帮你拥有爱情、财富、健康 222
　　情绪掌控术　实现愿望的方法 224

潜意识的力量 **226**

　　潜意识不会判善恶、断是非 226
　　潜意识与宇宙大爆炸一起出现 227
　　世上万物皆拥有无限的能量 229
　　受精卵的奇迹 230
　　弗洛伊德发现了潜意识 232
　　潜意识与显意识 232
　　情绪掌控术　请使用潜意识 233

健康与潜意识 **236**

　　病在先，抑或心情在先 236
　　墨菲的心灵探索从治病开始 237
　　春不种，秋不收：最重要的"因果法则" 239
　　引发身体不适的消极语言 239
　　所有疾病都和压力有关系 240
　　治疗社会疾病的方法 241
　　安慰剂效应 243
　　用于医疗现场的潜意识之功效 243
　　世上也有幸福减肥法 244
　　对疾病也要说声"谢谢" 245
　　情绪掌控术　实现奇迹般痊愈的三大步骤 246

第一章
那些伤,为什么还放不下

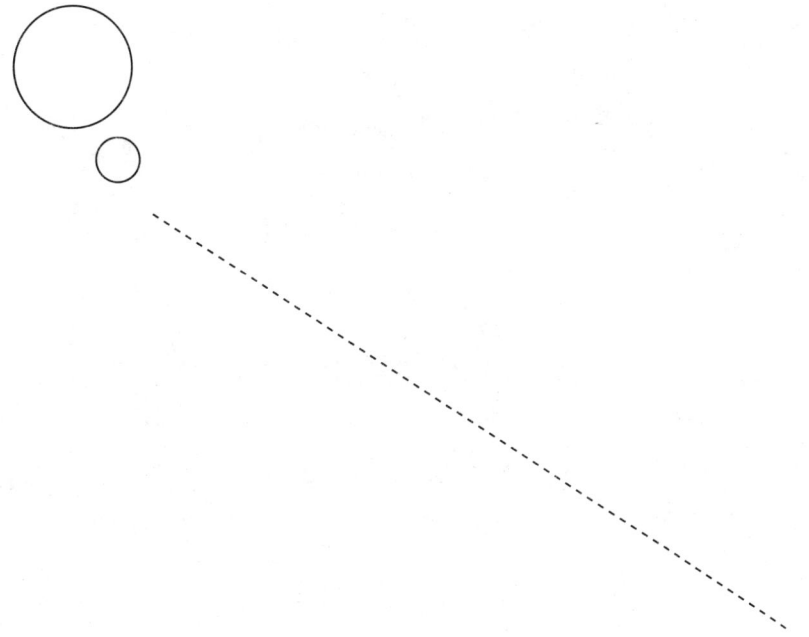

 做个不生气的人

如果想珍惜有限的时间,就必须赶走无意义的愤怒情绪。当你觉得快要发怒时,请告诉自己:"生气就是认输。"输给谁?输给你自己的人生。

⊙ 气大伤身:生气有损健康

你是爱生气、容易暴怒的人吗?是不是经常为了一点小事就大动肝火,甚至气得脸红脖子粗、全身发抖呢?

当你觉得那些糟糕的事情让你心情不佳时,会不会觉得生气才是最佳的发泄方式,而且已经习惯这种方式了呢?可是,动不动生气会导致一个直接的后果,那就是——它会损害你的健康!

美国生理学家爱尔玛为研究生气对人健康的影响,进行了一个很简单的实验:把一只玻璃试管插在有冰有水的容器里,然后收集人们在不同情绪状态下的"气水"。结果发现,同一个人,当他心平气和时,所呼出的气变成水后,澄清透明,毫无杂色;悲痛时的"气水"有白色沉淀;悔恨时有淡绿色沉淀;生气时则有紫色沉淀。爱尔玛把人生气时的"气水"注射在大白鼠身上,只过了几分钟,大白鼠就死了。他进而分析认为,如果一个人生气10分钟,其所耗费的精力不亚于参加一次3 000米的赛跑;人生气时,很难保持心理平衡,这时体内还会分泌出带有毒素的物质,对健康不利。

美国心脏协会发行的《循环》杂志指出,暴躁易怒的人心脏病发作或是突然暴毙的几率比冷静、不易生气的人高两倍以上。

第一章 那些伤，为什么还放不下

由马里兰大学的心理学家阿恩沃尔夫·西格曼领导的一个研究小组对101名男性和95名女性进行了研究，其中包括44名已经确诊有心脏病的人和99名没有得心脏病的人。研究包括测量每个人在运动之后心脏的血流量。

研究结果表明，与没有统治欲和性情平和的人相比，有统治欲的人得心脏病的风险会增加47%，易怒的人得心脏病的风险会增加27%。

研究还发现，不善于表达自己愤怒的女性，更容易得心脏病。而倾向于淋漓尽致地表达自己愤怒的男性，也更容易得心脏病。这就说明，无论是男性还是女性，如果他们经常发怒，便容易得心脏病。

研究人员同时表示：这项研究相当重要，因为如果长期处于情绪不佳、易动怒的情形之下，对于身体健康具有绝对的负面影响。

虽然本研究并没有明确指出高血压与心脏病之间的关系，但可以确定的是，血压正常而容易生气的人，他们罹患心脏病的几率比其他人高，相对地也增加了危险性。

中国传统医学也认为生气有损健康。《黄帝内经》明言告诫："怒伤肝。"肝在生理功能上的作用举足轻重，不仅能分泌胆汁，调节蛋白质、脂肪、碳水化合物的新陈代谢，而且有解毒造血和凝血的作用。

怒伤脑。气愤之极，可使大脑思维突破常规活动，往往做出鲁莽或过激举动，反常行为又形成对大脑中枢的恶劣刺激，气血上冲，还会导致脑出血。

怒伤神。生气时由于心情不能平静，难以入睡，致使神志恍惚，无精打采。

怒伤肤。经常生闷气会让你颜面憔悴，双眼水肿，皱纹多生。

怒伤内分泌。生闷气可致甲状腺功能亢进。伤心气愤时心跳加快，出现心慌、胸闷的异常表现，甚至诱发心绞痛或心肌梗死。

怒伤肺。生气时的人呼吸急促，可致气逆、肺胀、气喘咳嗽，危害肺的健康。

怒伤肾。经常生气的人，可使肾气不畅，易致闭尿或尿失禁。

怒伤胃。气瀵之时，不思饮食，久之必致胃肠消化功能紊乱。

看来，为一点点小事生气，代价也太大了吧！

⊙ 气极伤心：生气的极端是绝望

有不少这样的例子，当一个"成功人士"突然间发现自己拥有的一切都不再真实，所有在乎的人和事，随时都会化为灰烬，这时哪怕一个毫不相关的人漫不经心的一句话，都会刺伤他。他万念俱灰，自己生命中永远不可替代、无法复制的那一部分，就会从此消失。留给自己的，只有无尽的悲伤、悔恨——为什么当时自己没有做出另一种选择：不要让儿子去参加这次比赛，不要去那个加油站，不要打开自己的远光灯……随后，在彻底的绝望中，诅咒这个世界，诅咒信仰的神明，诅咒自己。

翻翻报纸的社会新闻版我们会看到类似的故事：被解雇的职员闯进办公室，持刀刺伤自己的上司；看上去唯唯诺诺的丈夫，杀害自己的妻子之后自杀身亡；品学兼优的留学生，持枪袭击同胞，震惊校园……他们的亲朋好友总会在事后感叹："他看起来是个很不错的人，真不敢相信会做出这样的事来。"他们没有看到，那些积压在人心里的愤怒，是如何在长期压抑中逐渐膨胀，最终变得不可收拾的。

内心压抑的愤怒始于否认、沉默和回避，积压久了会让人从心里面垮掉。在冲突之后我们经常听到这样的话："我没有生气，只是挺失望的。"心理学家告诉我们，说这话的人，确确实实是生气了，只是他自己不愿意承认而已。但是否认并不能让怒气消失，他们更愿意躲开惹自己生气的那个人和那种场景，刻意保持距离。

这是被压抑的愤怒。郁积的愤怒通常会以一种被称为"消极攻击"的行为表现出来，比如，对别人的要求不理不睬——你让他干什么，他偏不；你指东，他偏要打西。

愤怒是为了让人们能积极地去面对那个伤害了自己的人或事，如果人

第一章 那些伤，为什么还放不下

们没有这么做，愤怒就会累积。

心理学家称："如果多年来我们一再遭遇委屈，我们情感的承受力就会耗尽。"这时就会出现两种情况：其一，我们会把多年来积压在心里的愤怒发泄在身边的人身上；其二就是变得抑郁，感情会渐渐枯萎，失去了对生命的热情，变得对什么都不感兴趣。第一种情况会产生破坏性的行为，第二种情况就是绝望了。

生活中，愤怒无处不在：夫妻间吵架拌嘴，员工对老板的抱怨指责，孩子顶撞父母或者父母责骂孩子，甚至下班路上的拥堵，也能让我们坐在车里，一边狂按喇叭一边破口大骂……

从小到大我们被一再告知发怒是不好的，那些直接或者间接的生活经验也让我们知道，发怒的"破坏力"有多大——失去朋友、得罪亲人或者丢掉饭碗。可问题是，当我们"怒从心头起"的时候，如果没有适当的渠道发泄的话，我们就会走向另一个极端：绝望。

因此，有了怒气的时候，不要憋在心里，而应当想办法进行疏导。

⊙ 气易失和：脾气太大影响人际关系

陈、黄两家邻居，为10平方米的一块晒麦场发生争执，陈将黄家麦子一脚踢开，黄一气之下捡起砖块将陈打得头破血流，因伤势严重，黄被依法判刑1年6个月。当问及他犯罪的动机时，回答却是惊人的简单："我咽不下这口气！"现实生活中，因"咽不下这口气"走上犯罪道路的屡见不鲜。如有的街坊邻居，为一寸地基、一只鸡鸭乃至一句闲话，动辄吵嘴打架，非要争个山高水低不可。俗话说"小事是大事的根"，小不忍则乱大谋，打架斗殴无赢家，往往两败俱伤，给家庭带来不幸，给社会增添不安定因素。居家过日子，邻里之间，瓜藤瓜蔓连连扯扯，少不了结点疙瘩，低头不见抬头见，也难免碰了肩膀踩了脚。这些小事，只要心胸开阔些，彼此谦让谅解，自然烟消雾散。但遗憾的是，一些人心胸狭窄，为鸡毛蒜皮的小事斤斤计较，动怒争气，提刀弄杖，打架斗殴，最后酿成悲剧，后悔晚矣。

与人相处，无论是因公还是因私，都最忌扯着嗓子，怒气冲冲地大声争吵。

有散文家说："善良的天性比机智更令人愉快，稳重的心态比伶牙俐齿更让人佩服。"假如你与别人意见有分歧，完全可以讨论，但不要争吵。只要出于善意，讨论时对事不对人，同样会令双方有所收获。相反，那种毫无分寸和理智的争吵，一方激烈地攻击另一方，拼命地维护自己，这是有良好教养的人所不为，也不该为的事。

信念与偏见的本质区别就在于，信念不需要动怒就可以阐述清楚，征服人心；而偏见则往往不得不靠声音来虚张声势。

不是说凡是发怒的人，看法都是错误的，而是说他根本不懂得如何表述自己的见解。讨论问题的原则是，要从容镇定地用无可辩驳的事实，努力不让对方厌烦，不迫使对方沉默而达到说服对方的目的。

保持冷静、理智和幽默感。只要你能够听我说，我也愿意听你讲；如果我们能让自己专注于问题的讨论而不是引向感情用事或固执己见，那么讨论就不至于上升为争吵。

如果我们的声音渐渐提高，说出"我认为这种想法愚蠢透顶"这样的话，就是一种伤害他人的反驳了。这时，旁观者焦虑不安，朋友们躲到背后去，也就不足为奇了。为赢得一场争吵而失去一位朋友，实在是得不偿失的事情。

争吵使人们分离，而讨论却能使人们结合在一起。争吵是野蛮的，讨论则是文明的。

一位所得税顾问为了一笔不该收所得税的款子和税务稽核整整争论了1个小时，那位稽核傲慢而又顽固。顾问决定不再同他论理，改变了另一个话题。顾问说："比起其他要你处理的重要事情来，这件事实在不足挂齿。我也研究过税务问题，但那是书本上的死知识，你的知识却是从实践中来的。有时，我也真想有份像你这样的工作。"这下，稽核在椅子上伸直了身子，开始和顾问谈起他的工作，态度慢慢地友善起来。3天后，顾问接到了他的电话，说是那笔所得税决定不征了。

这位稽核要的是一种重要人物的感觉。顾问越和他争论，他越要强调职务上的权威。一旦承认了他的权威，争论自然偃旗息鼓了，而他也同样变成了一位态度宽容和富有同情心的人。

林肯有一次斥责一位和同事发生激烈争吵的青年军官。他说："任何决心有所作为的人，绝不肯在私人争执上耗费时间。在跟别人争论正误参半的问题上，你要多一点让步；如果你确实是对的，就少一点让步。总之，不能失去自制。与其跟狗争道，被它咬一口，不如让它先走。就算宰了它，也治不好你的咬伤。"

美国著名的成人教育家戴尔·卡耐基认为："在多数情况下，同事间争论的结果只会使双方比以前更相信自己是绝对正确的，你赢不了争论。要是输了，当然你就输了；如果你赢了，还是输了。为什么？如果你的胜利，使同事的论点被攻击得千疮百孔，证明他一无是处，那又怎样？你会觉得洋洋得意。但他呢？你使他自惭。你伤了他的自尊，他会怨恨你的胜利，即使口服，心里也不服。最糟糕的是，转过身来，你们还不得不同在一个屋檐下共事。"

你要衡量一下：你宁愿要一种字面上的、表面上的胜利，还是别人对你的好感？

正如睿智的本杰明·富兰克林所说的"如果你老是争辩、反驳，也许偶尔能获胜，但那是空洞的胜利，因为你永远得不到对方的好感"。

⊙ 气易失足：别动不动就负气出走

有家晚报曾刊登过这样一个离奇的故事：男子胡某因为一点小矛盾竟然负气出走15年。胡某家住浙江省临海市白水洋镇西村。15年前，正在准备开办小型加工厂的胡某因和父母吵了几句便负气出走，一直不与家人联系。其家人四处寻找，多次在报刊上登载寻人启事，仍杳无音信。福建省东峰镇公安分局在对辖区内所有外来流动人口进行拉网式清理登记时，发现在镇内一个瓦片厂打工的胡某解释身份时吞吞吐吐，似有难言之隐。在民警的一再询问下，胡某不得不说出实情。分局立即向其出生地浙江省临海市白水洋镇派出所发出函调信，多次与他们联系，终于使他的家人得知胡某在东峰镇。当胡某的哥哥及叔叔专程赶到福建，看着10多年未见面的亲人，听着公安民警的耐心劝导，胡某终于消除了心中的怨气，抑制不住多年的思亲之情，叔侄三人热泪盈眶，紧紧相拥。等他回到家里，他那个没有亲手去办的加工厂已经在哥哥的手中颇具规模了。

未离家时壮志满怀，15年后回乡时仍是一个打工仔。一股怨气能生15年，还真是少见！

怨恨之气多因自认为遭遇不公而生。生怨气的对象多是自己的上级或其他有权势者，而受害者往往是自己最亲近的人。许多人为了形象，不方便在外人面前发泄气愤，只能带着一肚子的怨气回家爆发，使家人成了受气包，受害最深。靠生怨气发牢骚，什么问题也解决不了。心中装满怨气，今天怪这个，明天怨那个，让这种消极情绪经常困扰自己，不但会破坏自身的心理平衡，涣散自己的意志和进取心，进而还会引起机体生理功能的降低或紊乱。仔细观察一下周围，不难发现，那些牢骚满腹、怪话连篇、怨气冲天的人，几乎都与事业成功无缘。怨气，它只会误事，有百害而无一益。

在同样或相似的外界刺激下，为什么有人很少生怨气而有人却怨气十足呢？心理学告诉我们，情绪和情感的发生，不仅取决于环境刺激，还取决于人的认知水平，这两者同样重要。比如，对待车船票涨价一事，人们的反应相差悬殊。有些人愤愤不平，抱怨国家接连提高运费，增加群众负担；有些人则从国家发展经济的大局出发，认为现在能源不足，运价成本大幅度上升，人员的工资也增长许多，运费理应提价，因此，并无怨气。

这表明，欲不生或少生怨气，必须不断地充实自己，提高自己对事物的认知水平。

如果别人的言行触犯了你，你首先要看一看对方是有意的还是无意的。假如是无意的，则应该"不知者不怪"；假如是有意的，则要分析其言行是对还是错。对者，应该欣然领教；错者，可以采取恰当的方法回敬。凡事没有必要生气，否则便是拿别人的过错来惩罚自己。

⊙ 气易伤情：绝情的"老死不相往来"

生气对健康的危害程度主要取决于气的强度和持续时间的长短。气憋在心里，不向外发泄，一般持续时间均较长。这种不良情绪压在心头不消散，可导致食不甘味，寝不安席，肌体的抗病力随之下降，从而有损健康。气憋在心里，则是越憋越重，达到难以承受的程度，这时再骤然发泄，如同山洪暴发，即大发雷霆，我们称之为盛怒，而盛怒则会对身心造成更大的伤害。

但我们更想说的是气也会伤害人与人之间的感情。

最怕的是两个最亲或关系最密切的人相互生气。如夫妻之间因为一点鸡毛蒜皮的小事斗气，谁也不服输，谁也不先开口，久之不仅会对身心健康造成严重的损害，而且夫妻关系也会日益紧张，隔阂加深，双方感情受到伤害，甚至会招致严重的后果。

据调查研究，性格内向或孤僻者，以及平时很少与人交际，朋友甚少，不愿意与亲友同事谈心的人，都比较好生气。因此，这些人应该更加重视克服自己性格上的弱点，加强自身修养。诚然，改变性格并非易事，但也不是办不到的。这些人应该多参加一些有益身心的社会活动，走出狭小的天地，多结交一些朋友，培养一两项业余爱好，经常参加文娱和体育活动。这些都可以逐步优化自己的性格，开阔自己的心胸。特别是要逐步养成与熟人、朋友、同事谈心、聊天的习惯，心里不痛快就及时向外宣泄。在这方面，尤其需要得到其亲友和同事们的帮助，当发现他们有气憋着、闷在心里时，就应该想方设法引导其将心里话说出来。

人们应该学会控制自己，尽量做到不生气。碰上了不愉快的事，首先要学会自己给自己"消气"；确实遇到烦心的事，也要"戒"字当先，戒除恼怒。当然，这不是简单下个决心就能办到的事情，其中还有道德修养和陶冶情操的问题。古人把"责己严，待人宽"以及"温、良、恭、俭、让"视为人际交往的准则，这对现代人的身心健康也是十分有益的。遇事冷静、待人宽厚并能适当克制自己的情绪，这实际上体现着一个人的内在修养。

动辄生气，总是使家庭处于"战争状态"，或者总是和朋友冷言相对，你的生活会快乐，会轻松吗？

养身当以戒闷气为本。要颐养身心，就要下工夫修炼品行，宽厚待人，谦逊处世。要做到不生气，少生气，要心胸开阔，宽宏大量，不要对一些细枝末节的小事斤斤计较、耿耿于怀。"退一步"并非"懦弱"，而是化解矛盾的良策，或许还会由此冰释前嫌，换得海阔天空。要颐养身心，还要学会息怒，善于控制和调理自己的情绪，把"生气"这种不良情绪消灭在萌芽状态。

⊙ 情绪掌控术　咽下怨气，才能争气

证严法师曾说："一般人常说，要争一口气，其实，真正有功夫的人，是把这口气咽下去。"人只看得见别人的过错，看不见自己的缺失，面对别人的指责，也常不加自省，反倒以恶言相向来掩饰自己的心虚。

不中听的话是一把锐利的剑，可以刺穿你的心脏，但是你也可以伸手握住它，使它成为你的利器。

言者无意，听者有心，一切在于你如何用心来面对人生的挫折，你可以反驳别人的批评，斥责别人的无知，但这样并不会使你在别人心目中的

第一章　那些伤，为什么还放不下

地位提高，反而得不偿失。只有痛定思痛、反求诸己的人，才可以化干戈为玉帛。

麦金莱任美国总统时，因一项人事调动而遭到许多议员政客的强烈指责。在接受代表质询时，一位国会议员脾气暴躁、粗声粗气地给总统一顿难堪的讥骂。但麦金莱却若无其事地一声不吭，听凭这位议员大放厥词，然后用极其委婉的口气说："你现在怒气该平和了吧？照理你是没有权利责问我的，但现在我仍愿意详细解释给你听……"说罢，那位气势汹汹的议员只得羞愧地低下了头。

遭到别人的指责和抱怨的事常可碰到。遭人指责抱怨，是件极不愉快的事，有时会使人觉得很尴尬，尤其是在大庭广众面前受到指责，更是不堪忍受。但从提高一个人的处世修养角度讲，无论你遇到哪种情况的指责，都应该从容不迫，对者有则改之，错者加以耐心解释，泰然处之。为摆脱因指责而气愤的尴尬局面，不妨采纳心理学家提出的以下建议。

1. 保持冷静

被人指责总是不愉快的，面对使你十分难堪的指责时，要保持冷静，最好暂时能忍耐住，并做出乐于倾听的表示，不管你是否赞同，都要待听完后再作分辩。因对方的一两句刺耳的话，就按捺不住，激动起来，硬碰硬，不仅解决不了问题，还易将问题搞僵，将主动变为被动。

2. 让对方亮明观点

有些指责者在指责别人时，往往似是而非，含糊其词，结果使人不知所云。这时，你可向对方提出讲清问题的要求，态度要和气，如"你说我蠢，我究竟蠢在哪里？"或者"我到底干了什么傻事？"以便搞清对方究竟指责和抱怨你什么，让对方及时亮明自己的观点和看法。这一策略往往能有效地制止指责者对你的攻击，并能将原来的攻防关系转变为彼此合作、互相尊重的关系，使双方把注意力转向共同感兴趣的问题。

3. 消除对方的怒气

受到指责，特别是在你确实有责任时，你不妨认真倾听或表示同意对方对你的看法，不要计较对方的态度好坏，这样，指责完毕，气也消了一半。即使当你确信对方的指责纯属无稽之谈时，也要对其表示赞同，或者暂时认为对方的指责是可以理解的。这会使对方无力再对你进行攻击；相反，你却可以获得更多的机会和时间进行解释，从而消释对方的怒气，使隔膜、猜疑、埋怨和互不信任的坚冰得以化解。

4. 平静地给恶意中伤者以回击

也许，大多数指责者并不是出于恶意而指责别人的。但是，在现实生活中，确有极少数人为了其个人目的而对他人进行恶意中伤的。对于这样的寻衅挑战者，应该坚定地表示自己的态度，不能迁就忍耐，更不能宽容而不予回击，但应注意态度，以柔克刚。这样，会使你显得更有气魄，更有力量。

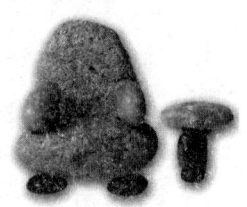

第一章 那些伤，为什么还放不下

 **忍得住世界就是你的**

对某些不公平的事不理会、不计较，并不是窝囊，而是一种宽宏大量。懂得遇事先忍一忍的人，无疑是成熟和明智的人。

⊙ 耐得住寂寞，经得起诱惑

公元676年，中国历史上最伟大的禅师慧能大师决定出山弘法，他最先去了法性寺。在那里，他看到两个和尚在飘动着旗子的旗杆下面争论不休。一个和尚大声叫道："明明就是旗子在动嘛。这还有什么好争论的。"另一个和尚反驳说："没有风，旗子怎么会动？明明就是风在动嘛。"

两人谁也不服谁，周围很快聚了一堆看热闹的人，大家都议论纷纷、莫衷一是。大师摇了摇头，又叹了口气，走上前去对人们说道："既不是风动，也不是旗子动，而是你们大家的心在动啊。"

人就是这样一种奇怪的动物，都希望能过得平静、幸福，可日子真过得平平静静的话，又会不甘寂寞，就像那两个和尚，对外面的花花世界"心动"。

过去，这个风动还是幡动的故事，常常被当作批判唯心主义的靶子，但这其实是禅宗里面一个著名的公案。它是告诫佛家僧众，面对外面世界的精彩，要能做到熟视无睹甚至是物我两忘，这样才能潜心向佛，早成正果。

做人也大抵如此。人要在滚滚红尘里、横流物欲中、功名利禄下、美色诱惑前，保有不生气的心态、超然的情怀，视若无物，才能静下心来做事。一般的人耐不住寂寞，耐得住寂寞的则不是一般的人。古往今来的智者贤者、成功者，都是耐得住寂寞、安于平静的。

著名医学家李时珍耐得27年的寂寞，写下了医学巨著《本草纲目》；司马迁在屈辱中耐得住寂寞，终有纪传体史学的奠基之作《史记》问世；文学巨匠列夫·托尔斯泰为了能静心完成巨著《复活》，吩咐仆人对外宣布他已死亡；作家苏童成名之后，上门的采访者、崇拜者络绎不绝，各种笔会、研讨会的邀请如同雪花般飞来，苏童却很冷静地表示门外的繁华与自己无关；2002年度诺贝尔文学奖得主匈牙利作家凯尔泰斯，一向拒绝采访，不出席各种会议，以致几种版本的《世界文化名人辞典》都查不到他的名字。

在喧嚣而躁动的世界里，一般人是很难耐得住寂寞的，因为滚滚红尘中有太多的诱惑，残酷现实中又有太多的羁绊，因此使得人们的心饱受世事的碾压。但是，成就一番事业又必须能耐得住寂寞，十年寒窗、十年面壁、十年磨一剑……寂寞是锻炼人意志的一种方法，也是孕育成功的一个环境。

软件业的民族英雄求伯君当初为了编写WPS，从1988年5月至1989年9月，把自己关在深圳某旅馆的一个房间里，夜以继日地工作。两耳不闻窗外事，只要是醒着，就不停地写。什么时候困了，就睡一会儿，饿了就吃方便面。在这16个月中，求伯君始终是孤独的。有了难题，不知道问谁，解决了难题，也没人分享喜悦。但他还是耐住了寂寞，完成了后来一举成功的WPS。

著名作家王蒙说："我们有许多研究学术的，搞创作的，吃亏在不能耐得寂寞，总是怕别人忘记了他。由于耐不得寂寞，就不能深入地做学问，就难有所成。""十年寒窗无人问，一举成名天下知"，这句俗话从一个侧面表现了寂寞与成功的关系。名人之所以出名，那是因为他们能够在无人问津的寂寞中坚持做事情。钱钟书先生的《管锥篇》是一部体大思

第一章 那些伤，为什么还放不下

精、必然传世的学术力作，但这部著作却是他在"文革"时被下放到干校期间完成的。从1969—1972年，整整3年的时间里，钱锺书"不以物喜，不以己悲"，在默默无闻的状态下，一字一句地写成了《管锥篇》。

"圣人韬光，贤人遁世"，要想成才、成功、成大气候，除本身的天资、才能、毅力、见识等因素外，甘于淡泊，耐得寂寞则是不可或缺的重要条件。因为人生短暂，时间和精力有限，如果不甘于寂寞，沉溺于花花世界之中，就不可能有足够的时间和精力作保证，就难以在学业或事业上有所成就。

明朝的文征明自小并不聪明，字也写得不好，但因为耐得寂寞、学习刻苦，最终跻身江南四大才子之列。当别人或饮酒闲聊、啸歌相乐，或品茗对弈、消磨时光的时候，只有文征明不凑热闹，独自在一旁读书写字。他每天临写《千字文》，要足足完成十大本才罢休。功夫不负有心人，几年后，文征明的书法就远近闻名，购求他书画的人踏破门坎。

我们每个人都是凡夫俗子，都要食人间烟火，不可能"跳出三界外，不在五行中"。但我们应该在外在世界和内心世界两者之间，找到一个平衡点。有了这种平衡点，我们就会少一些浮躁，多一分安静，就不会被宴请、聚会、考察、报告、旅游这些热闹的场面所包围了，就不会被扑克、麻将、彩票这些诱惑迷了心窍。面对功利、奢华、喧嚣，保持平和与淡然的心境，这才是做事应有的心态。

傅雷先生是中国文学艺术史上著名的翻译大师，他博古通今、学贯中西的学术修养，被学术界称为一两个世纪也难得出现一位的巨匠。傅雷不仅在翻译方面，而且在文学、绘画、音乐等各个艺术领域，都有极渊博的知识。他自己没有弹过钢琴，却能培养出傅聪这样一位世界知名的钢琴家。他没有学过专业美术绘画，却能够赏识当时并不出名的著名国画家黄宾虹，显示出其独特高超的艺术鉴赏力。

傅雷为什么能有如此"天才"呢？他的成功就是来源于他的寂寞。傅雷的儿子傅聪曾经这样评价他的父亲："我父亲是一个文艺复兴式的人物，一个寂寞的先知；一头孤独的狮子，愤慨、高傲、遗世独立……"至于傅雷本人，也曾一再告诫儿子傅聪"要耐得住寂寞"。

只要能耐得住寂寞，全身心地专注于某行事业，就能取得骄人的成绩。齐白石成名之后，有人就问他是如何从一个乡下木匠成为一代国画名师的，齐白石的回答是："作画是寂寞之道。耐得寂寞，百事可做。"要成就一番事业，实现人生追求，需要独善其身，耐得寂寞，远离诱惑，敬谢浮名，认认真真做事，踏踏实实做人。这就是齐白石以及所有大师的成功之道。

⊙ 忍一时者谋全局

西汉名将韩信年轻的时候，有两种爱好，一是钓鱼，一是剑。有一天，韩信带着一把长剑走在街上，忽然，一群无赖挡在了他的面前，其中一个对他说："别看你带着剑，其实是胆小鬼一个，如果你有能耐的话，就把我杀了，如果你没有能耐，就从我裤裆下钻过去。"说罢，叉开双腿等韩信来钻，这群无赖哈哈大笑。韩信顿时火冒三丈，真想一剑刺死这个家伙，但他咬了咬牙，冷静下来，想了想，还是从无赖的裤裆下钻了过去。

这就是著名的"胯下之辱"的故事，俗话说"士可杀不可辱"，韩信为什么能忍受这样的奇耻大辱呢？对此，韩信后来说："我当时并不是怕他，而是没有道理杀他，如果杀了他，也就不会有我的今天了。"作为叱咤风云的一代名将，韩信的确不是胆小鬼，试想一下，如果韩信一剑刺死无赖，就难逃一死，哪有日后百战百胜的韩大将军呢？因此忍让不是窝囊，我们要像韩信那样"忍小忿而就大谋"，这才是大智大勇的表现。

忍耐不是麻木不仁，不是懦弱窝囊，相反，它更需要自信和坚韧的品格。能以牺牲自己的小利而保全大局，善于从容退让，这不是窝囊，而是大公无私；对他人的小过失不理会、不计较，这不是窝囊，而是宽宏大

第一章 那些伤，为什么还放不下

量；失败后，能忍受暂时的屈辱，在暗地里默默积蓄力量，这更不是窝囊，而是忍辱负重。能做到这些，才是真正的男子汉大丈夫。"将军额上可跑马，宰相肚里能撑船"，古往今来，那些最终成就大事的帝王将相，每一个人或多或少都有过忍让的经历。

唐朝的娄师德为人深沉，气度宏阔，有极强的忍耐力。他的弟弟做州守被罢官免职后非常恼火，娄师德劝他弟弟说："你要学会忍让，不要因自己被罢官，就大发雷霆。"他弟弟说："别人把唾沫吐到我脸上，我自己擦干总算行了吧？"娄师德说："不可以，你自己把别人吐到你脸上的唾沫擦干了，会更加引起吐你人的气愤，你要让他自己干了。"娄师德靠这种忍让，得到了武则天的欣赏，官居宰相之位。

能包容一切、忍耐一切，必能改变一切、克服一切。当环境所迫或者与人发生矛盾和冲突时，有理智的人总会保持清醒的头脑，对自己有克制，忍让忍让再忍让，一直忍到苦尽甘来的时候。

诸葛亮对孟获一忍再忍，七擒七纵，终于以自己的忍让征服了人心，保住了蜀国大后方的安宁与和平。但在六出祁山时，诸葛亮却遇到了一个更能忍的司马懿。当时，司马懿深知自己的韬略不如诸葛亮，就采取拖延战术，不出兵与诸葛亮决战。无奈之下，诸葛亮派人向司马懿送去一套女人服装，并递信说："如果你羞耻之心还没有泯灭，还有点男子气概的话，便立即批回，定期作战。"司马懿的左右看后，非常气愤，纷纷请战，但司马懿却坚守不战。不久诸葛亮因积劳成疾而死，司马懿没伤一兵一将，不战而胜。

古人说："必须能忍受别人不能忍受的触犯和忤逆，才能成就别人难及的事业功名。"对于做大事者来说，忍让是成就事业必须具备的基本素质，能在各种困境中忍受屈辱是一种能力，而能在忍受屈辱中负重拼搏更是一种本领。

越王勾践在战败后，为了实现雪耻的宏图大志，他忍气吞声给吴王喂马，当低三下四的马夫。他的妻子为吴王献歌跳舞。为了博得吴王的信任，勾践甚至尝过吴王的粪便，因此被吴王放回越国。回国后，勾践卧薪尝胆，重整旗鼓，最终一举灭吴，杀死夫差，实现了复国雪耻的抱负。

有人认定，忍受委屈就是窝囊，承担屈辱就是没有骨气，这是不对的。苏轼就批评了这种观点："匹夫见辱，拔剑而起，挺身而斗，此不足为勇也。"准确地说，忍让不仅是人在困难时的必然选择，也是走出困境的一种智慧，更能彰显一个人的美德。人都会遇到许多不愉快的、难堪的事情，因此会感到很气愤，很窝火，但恰恰此时此刻的所作所为，最能体现出一个人的修养和风度。

廉颇和蔺相如同是战国时的赵国大臣，由于蔺相如几次为赵国立了功，赵王便封他做上卿，位置一下处于廉颇之上。廉颇因此很不服气，扬言说："我见到蔺相如，一定要羞辱他。"而蔺相如听到这话，就一直刻意回避他。在街上遇见他的车子，也都躲避，甚至假装生病不上朝以免与廉颇同列。蔺相如手下的人很不理解，蔺相如解释说："我连秦王也不怕，我会怕廉将军吗？秦国之所以忌惮我们赵国，就是因武有廉将军，而文有我啊。如果我们之间起了争斗，秦国就会乘虚而入，我之所以避着廉将军，为的是赵国的利益。"廉颇听说了这件事以后，十分羞愧，就主动到蔺相如府上请罪。蔺相如的忍让使得赵国出现了将相和睦的大好局面。

"人在屋檐下，哪能不低头"，人在社会上，谁能不吃点亏，谁能不受点气，忍让一下并不是丢脸的事情。不过，忍让也要有限度和原则。对于涉及大是大非的原则问题，我们应该奋起反击。因为无原则的忍让，就是在纵容坏人或者坏习惯，这样会让好人受气、坏人当道，如此的忍让还有什么意义呢？所以，忍让也应掌握好原则，把握好尺度。忍无可忍之时，就无需再忍。

生活中我们常常遇到一些无奈：亲人、朋友、同事的误解，甚至是欺凌，面对这些"人民内部矛盾"，最好的办法就是忍耐。不生气，其实就是一颗理解、宽容的心，意味着善解人意、通情达理。老话说的"将心比心"，现在提倡的"换位思考"，就是说要多站在对方的立场上考虑问题，遇事多为别人着想，善于体谅他人的难处，理解对方那些一时冲动的言行，这样自然就能平和地看待问题，也不会觉得自己受了多大的委屈，有了这种大度的胸襟与气度，自然就能忍耐了。

墙上草生于寸土之上，瓦砾之间，势单力薄的它们为什么还能生存？那是因为它们能逆来顺受，能随风摇摆。我们很多人的生存环境与墙上草差不多，没有背景，没有资源，完全是靠自己在打拼未来。所以遇到不如意的事，要忍耐忍耐再忍耐，如果为一些小事情而针锋相对、以牙还牙，结果很可能是两败俱伤。如此一来，哪来的机会实现远大的志向与宏图大业呢？

宋代苏洵说："一忍可以制百辱，一静可以制百动。"这就是忍让的巨大作用。如果我们对待非原则性的问题，能忍则忍，能让则让，肯定会让我们心态更平和，生活更美好。

⊙ 看透得失才能不生气

在印度的热带丛林里，人们用一种奇特的狩猎方法捕捉猴子：在一个固定的小木盒里面，装上猴子爱吃的坚果，盒子上开一个小口，刚好够猴子的前爪伸进去，猴子一旦抓住坚果，爪子就抽不出来了。人们常常能用这种方法捉到猴子，因为猴子有一种习性：不肯放下已经到手的东西。

人们总会嘲笑猴子的愚蠢：为什么不松开爪子放下坚果逃命呢？但我们有时候也和猴子一样，为了得到一些而失去了更多：为了得到职务而奴颜媚骨，失去了尊严；为了得到金钱而劳神伤身，失去了健康；为了成就事业而无暇顾家，失去了亲情……有一得必有一失，有一失必有一得，得与失是人生不能回避的轮回定律。

留下了不朽作品的丹麦著名童话作家安徒生，一生都没有结婚，他把自己全部的生命都献给了自己所热爱的童话创作。当安徒生到了暮年，回忆自己人生得失的时候，他说："我为童话付出了一笔巨大的、无法估量的代价，甚至放弃了自己的幸福。"

是的，安徒生为了得到事业上的辉煌成就，失去了本可拥有的爱情，失去了家庭的温馨，失去了享受天伦之乐的机会。不可否认，他的人生有太多的缺憾，但他却获得了创作的快乐。

得与失，是一种心态。得到了，不可小富即安，也不可贪得无厌；失去了，不必痛心惋惜，更不可一蹶不振。得到的不一定是好事，失去的也不一定是坏事，"塞翁失马"这个故事告诉我们：得与失的转化往往是出乎意料的。

在对待得与失的时候，人们有这样几种态度。一种是得到了高兴，失去了生气，这是最常见的一种态度。一种是失去了生气，得到了也不安心。这种人活得最累，因为他们没得到时担心得不到，得到了又嫌所得不多，更怕得到的会失去。如此食不甘味，夜不能寐，人生还有什么快乐可言呢？

有一位商业上的成功人士常常感叹：5年前，我穷得要命。吃的是粗茶淡饭，但胃口却很好；穿的是很不结实的劣质衣服，但衣服里面的身子却很结实；喝的是淡而无味的白水，但却喝得有滋有味；住的是简陋的房屋，但住得很安心；睡的是冷冰冰硬邦邦的木板床，但睡得香甜……那时虽然穷得要命，但我也快乐得要命。当时我就想，如果再有很多钱的话，那我就是十全十美的人了。于是我就拼命地挣钱，终于挣到了很多很多的钱。结果呢？我现在是富了，吃的是最好的饭菜，但却没有一点食欲；穿的是光鲜的名牌衣服，但衣服里面的身子却很虚弱；喝的是高档饮料，但却索然无味；住的是豪华别墅，心里却很不放心；睡的是软绵绵的席梦思床，但却夜不能寐。得到了财富却失去了快乐，真是得不偿失啊！

还有一种态度是"得之坦然，失之淡然"，就是以不生气的态度对待得失，得之不喜，失之不悲。对于别人之得，不攀比、不眼红、不妒忌，借别人之得，找差距，明方向，添动力；对于别人之失，不旁观、不讥讽、不消极，借别人之失，取教训，振精神，创未来。这才是对待得失的正确态度。

⊙ 独木桥边退一步

有一条大河，河水波浪翻滚。河上有一座独木桥，桥很窄，仅用一根圆木搭成。有一天，两只山羊分别从河两岸走上桥，到了桥中间相遇了。但因桥面太窄，谁也无法通过，这两只山羊谁也不肯退让，在桥上用角顶撞起来，而且互不示弱，抵死相拼，最终双双跌落桥下被河水吞没了。

《菜根谭》中说："途经路窄处，要留一步让别人先行，这才是涉世的安乐法。"上面这则寓言也正蕴含了"经路窄处，留一步让别人先行"的道理。在狭窄的路口处，不妨让别人先行，自己退让一步。表面看，好像自己吃亏，但实际上，如果彼此都不相让，势必两败俱伤，倒不如互相宽容，对大家都好。

凡事都应该学会让一步，给别人留有余地，不要将其逼至绝处，否则也许会威胁到自己的生命财产安全。"狗急跳墙""兔子急了也咬人"之类的俗语，大家肯定都是知道的，那何不对人对事都退让一步呢？

以养鱼作为比喻，做人退一步有三种境界：初级境界是玻璃缸里赏鱼，只让它在一定的范围存在和活动；中等境界是池塘养鱼，水肥鱼跃；最高境界是让鱼归江海，任其自由自在地游弋。

为什么有的人做不到退一步呢？那是因为他没有做到不生气，要么自私狭隘，要么斤斤计较，要么得理不饶人。如果人人都能做事退一步，生活中的许多纠葛、怨恨、偏见和不快，都会烟消云散，恶语中伤也将消失得无影无踪。反之，如果以情绪代替理智，让愤怒主导行为，以牙还牙，睚眦必报，结果只能是两败俱伤。现实中，因为一句话、一元钱的小矛盾而导致一场官司、一条人命的事不是经常发生吗？

明代学者薛暄说："让步是一种喜悦，被别人宽容是一种幸福。唯宽可以容人，唯厚可以载物。"退一步其实就是凡事不生气，不苛求，不极端，不任性，它有助于人际关系的融洽，有助于保持身体的健康，更能增加自身的道德修养。所以，当对人对事可以退让时，我们就应该尽量多一些宽容，学会独木桥边退一步。

⊙ 遇事冲动是"发狂的野马"

在非洲草原上，吸血蝙蝠在攻击野马时，常附在马腿上，用锋利的牙齿极其迅速地刺破野马的腿，然后用尖尖的嘴吸血。无论野马怎么蹦跳、狂奔，都无法驱逐这种蝙蝠，蝙蝠可以从容地吸附在野马身上，直到吸饱吸足，才满意地飞去。而野马常常在暴怒、狂奔、流血中无可奈何地死去。

事实上，害死野马的不是吸血蝙蝠，而是他们自己。动物学家们经过研究发现，吸血蝙蝠所吸的血量是微不足道的，根本不会让野马死去，导致野马死亡的真正原因是它暴怒的性格。

俗话说："一碗饭填不饱肚子，一口气能把人撑死。"如果我们遇事也如同发狂的野马那样，不能控制心态，不能理智、冷静地面对一切，就很有可能自取灭亡。

刘备、关羽、张飞三人同生共死，齐心协力，从寄人篱下到打下了一大片江山，事业蒸蒸日上。可是，这一份伟业从关羽败走麦城开始，就由盛转衰——先是关羽大意失了荆州，被吴国生擒斩首；然后，张飞被部下暗杀；最后，刘备70万大军被东吴的一把火烧尽。这一连串的"倒霉事"，都是因为三兄弟的冲动。关羽的狂妄自大，为他的失败埋下了伏笔；张飞为关羽报仇心切，情绪失控，以鞭打部下来发泄，导致被害；最后稳重的刘备也失去了理智，不顾孔明等人的苦苦规劝，执意伐吴，结果导致惨败。

冲动是会受到惩罚的，西方有句民谚说："上帝欲使其灭亡，必先使其疯狂。"情绪一旦失控，心态一旦浮躁，那就好比推倒了命运的多米诺

第一章　那些伤，为什么还放不下

骨牌，会坏事连着坏事，霉运接着霉运。

悲欢离合本是常理，我们生活在充满矛盾的世界上，谁没有遇到过让人生气、令人气愤的事呢？然而，无论从生理健康还是心理健康上讲，遇到不顺心的事动辄勃然大怒是有百弊而无一利的。因为怒气犹如人体中的一枚定时炸弹，不仅会毁灭他人，还会给自己带来灭顶之灾。

林则徐自幼聪颖，但是他喜怒无常的性格让他的父亲林宾日忧心忡忡，为此，林宾日经常教育林则徐遇事不要冲动。有一天，林宾日给林则徐讲了一个"急性判官"的故事：某官以孝著称，对不孝之子绝不轻饶，必加重处罚。一日，两个贼人入户盗得一头耕牛，又把这家的儿子五花大绑押至县衙，向县官诉其打骂父母不孝之罪。该官一听儿子竟然打骂父母，犯下不孝之罪，于是不问青红皂白喝令衙役杖责其50大棍。直到这家老母跌跌撞撞赶来说明真相，糊涂的县官这才想起找两个贼人算账，可两个贼人早已逃得无影无踪了。

这个故事给林则徐留下了终生难以磨灭的印象。后来林则徐做了高官，他的府衙里长年挂着一块牌匾，上书"制怒"两个大字，以此提醒自己，警示自己。在任两广总督时，一次林则徐盛怒之下把一只茶杯摔得粉碎。当他抬起头，看到"制怒"两字时，意识到自己的老毛病又犯了，立即谢绝了仆人的代劳，亲自动手打扫摔碎的茶杯，以示悔过。

"怒"是人的七情之一，但却是一种负面的情绪。"怒伤肝"、"多怒则百脉不定"，这些浅显的医学道理人人皆知。所以遇事要克制自己，尽量不要发怒，怒气一旦出现，又要善于制怒。除了林则徐"悬联"的方法外，古人还留下了很多制止冲动的方法，值得我们参考。

佩物。《韩非子》中记载，春秋时，魏国邺令西门豹为了克服性情急躁的毛病，便"佩韦以缓气"。"韦"是熟牛皮，西门豹取其质地柔软的特性以自戒。据说每当他要发脾气时，看到身上的佩物，气就能消一半。

写字。韩愈在《送高闲人序》中介绍，唐代的张说，写字不是为了练习书法，而是以此排遣心中的怒气。

下棋。明代郑瑄在《昨非庵日纂》中写道，李纳性情急躁，易发脾气，但每逢下棋，他的性情就趋于安详、宽缓。所以凡是遇到使他心情躁怒的事，家人便悄悄将棋盘摆在他面前。李纳见了棋盘，怒气马上就消失了。

面壁。晋朝有个人叫王述，脾气很大。据说，他吃鸡蛋，筷子夹不住，竟抓起鸡蛋扔在地上，又拾起放在嘴里咬碎，再狠狠地吐出。如此乖戾的脾气，但必要时也能出奇地克制住而不怒。有一次，他因事和谢奕闹翻，谢奕气势汹汹骂上门来，说了许多非常难听的话。而王述却一声不吭，只是默默地面对墙壁而立。谢奕离去很久，王述才转过身来又继续做自己的事情。

跑步。古时候，一个叫爱地巴的人，他一生气就绕着自己的房子和土地跑3圈。后来他的房子越来越大，土地也越来越多，而一生气，他仍然绕着房子和土地跑3圈。有人不理解他这种习惯，爱地巴解释说：年轻时，一和人吵架、生气，我就绕着自己的房子和土地跑3圈，边跑边想，自己的房子这么小，土地这么少，哪有时间和精力去跟人生气呢？不如多做点事情改变家境；现在老了，我边跑就边想，我房子这么大，土地这么多，上天对我不错了，又何必与人计较呢？一想到这里我的气就消了。"

⊙ 情绪掌控术　与各种人相处的艺术

我们每个人在这世界上，都会有各种各样的人际关系。有的关系是无法选择也无法改变的，像父子、兄弟、姐妹这些血缘关系，是属于命中注定的一种关系。而另外一些关系，比如同学、朋友、同事这些关系，却是我们在学习工作中结交的。

人会做人，百事可为。怎么才算是会做人？就是拥有广泛的人脉资源。一个大家公认的说法是，一个人的成功只有15%是由于他的专业知识和技能，另外85%要靠他的人际关系与处世的技巧。因为一个人的能力终究是有限的，必须在群体活动和交往中得到发展。一个人所遇到的困难、危机，也必须得到他人的协助、支持才能解决。因此，为人处世必须要与他人和睦相处，要学习好如何与各种人相处的艺术。

1. 与老板相处：尊敬加学习

任何一个老板能够干到这个职位上，至少有某些过人之处。其优秀业绩、工作经验、处世艺术、自身魅力等，都是值得我们尊敬和学习的。

2. 与朋友相处：真诚加联络

既然是朋友，就要以诚相见，以心换心，谁愿意与虚伪的人交朋友呢？此外，朋友虽好，如果不经常联络，也有可能慢慢变成陌生人。没事打个电话、发条短信，向朋友嘘寒问暖，是费不了多大劲的。

3. 与下属相处：帮助加聆听

帮助下属，其实是帮助自己，因为下属工作做好了，自己的工作也就做好了。而倾听下属的心声，既能了解他们的想法，更能赢得他们对你的尊重。

4. 与合作伙伴相处：诚信加分享

对合作伙伴所作的承诺，一定说到就要做到。另外，有肉一块吃，有酒一起喝，有钱大家赚，如果过于刻薄，失去了合作伙伴，那是得不偿失的。

5. 与竞争对手相处：坦然加微笑

在我们的工作生活中，处处都有竞争对手，这是很平常的现象。所以要心怀坦然，不要耿耿于怀。同时，对他们要报以微笑，因为他们说不定哪天还会成为你的同事呢。

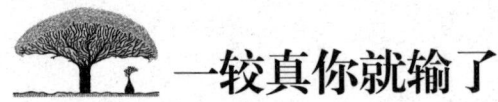 一较真你就输了

凡事都要"丁是丁,卯是卯",你会活着很累。与其让自己身心疲惫,倒不如对有些事睁一只眼闭一只眼。

⊙ 有些事不用太较真

世界级画家毕加索对冒充他作品的假画,从来就是睁一只眼闭一只眼,概不追究。有人对此不理解,毕加索说:"我为什么要小题大做呢?作假画的人不是穷画家就是老朋友。穷画家混口饭吃不容易,我也不能为难老朋友,还有那些鉴定真迹的专家也要吃饭,况且我也没吃什么亏。"

意大利的诗人、散文家和剧作家阿雷蒂诺说:"人如果太较真,就是不懂如何生活;不较真既是盾,刀枪不入;不较真又是箭,什么盾也挡不住。"如果说官场上的"不较真"能够让自己进退自如的话,那么在与人交往中的"不较真"就能让自己左右逢源了。所以,在不较真的时候,我们就得装模作样、装聋作哑,甚至是装疯卖傻。

石油大王洛克菲勒是现代商业史上的传奇人物,他的公司垄断了全美80%的炼油工业和90%的油管生意。在为人处世方面,洛克菲勒很有一套,尤其善于装糊涂。

有一次,洛克菲勒正在工作时,一位不速之客突然闯入他的办公室,直奔他的写字台,并用拳头猛击桌面,大发脾气:"洛克菲勒,你这个卑鄙无耻的小人,我恨你!我有绝对的理由恨你!"办公室所有的职员都以为洛克菲勒一定会拿起墨水瓶向他掷去,或是吩咐保安员将他赶出去。然

而，出乎意料的是，洛克菲勒并没有这样做。他停下手中的活，像傻子一样注视着他，对发生的事似乎毫无知觉，就如同被骂的是另外一个人一样。

那无理之徒被弄得莫名其妙，怒气渐渐平息下来。他是准备好了来此与洛克菲勒大闹一场的，并想好了洛克菲勒会怎样回击他，他再用想好的话去反驳。但是，洛克菲勒不开口，他反倒不知如何是好了。不得已，他又在洛克菲勒的桌子上猛敲了几下，可是仍然得不到回应，只得索然无趣地离去。再看洛克菲勒，就像根本没发生任何事一样，重新拿起笔，继续他的工作。

懂得装傻的人绝不是傻瓜，而是真正的聪明，就比如洛克菲勒。而现实生活中，有的人却斤斤计较、咄咄逼人，看似聪明绝顶但最后往往是机关算尽，聪明反被聪明误，这才是真正的傻瓜。

在现实生活中，许多人往往不能控制自己的情绪，遇到不顺心的事，要么借酒消愁，要么以牙还牙，这都是错误的做法。怎样才能做到不较真呢？

第一，要学会理智处事，沉不住气时反复提醒自己要以理智的心态来控制感情。

第二，要学会苦中作乐，善于在生活中寻找乐趣，多参加一些自己感兴趣的活动，来发泄郁闷。

第三，遇到难受、挫折、失败的事，不妨找知心朋友聊聊天。

第四，欲望少一点、心胸宽一点，这样更能保持心理平衡，维护身心健康。

凡事都要"丁是丁，卯是卯"，这样的人活着会很累。与其让自己身心疲惫，还不如在现实生活中，用一种"不较真"的思维方式，以平常之心、平静之心对待人生，该糊涂时就糊涂，这是历来被推崇的高明的处世之道。一个人如果真能如此地"不较真"：淡泊名利、虚怀若谷、大智若愚、韬光养晦、深藏不露、知足常乐……那么这辈子就会过得自在洒脱。

⊙ 不要跟李嘉诚比财富

明朝有一个叫胡九韶的人。他的家境很贫困，他一面教书，一面努力耕作，仅仅可以衣食温饱。但每天黄昏时，胡九韶都要到门口焚香，向天拜九拜，感谢上天赐给他一天的福气。妻子笑他说："我们一天三餐都是菜粥，怎么谈得上是有福气呢？"胡九韶说："我们生在太平盛世，没有战争兵祸；我们全家人都能有饭吃，有衣穿，不至于挨饿受冻；家里床上没有病人，监狱中没有囚犯，这不是福气又是什么呢？"

胡九韶的这种想法可不是阿Q精神，他的这番话实实在在地蕴藏着深刻的人生经验，他因此生活得很快乐。有很多人之所以不快乐，就是因为他们不满足的心态。而心态不满足的原因有两个，要么是好高骛远，月薪1 000元的人希望月薪10 000元；要么是找错了参照物，与李嘉诚相比自己太穷了。

不幸来自于比较，幸福也来自于比较。我们如果以正确的角度来作比较，就会发现自己真的有多么幸运和幸福。

如果你早上起床的时候，身体健康，没有疾病，那么你就比几百万人幸福，因为他们已经看不到升起的太阳了；如果你从未经历过战争的可怕，牢狱的孤独，酷刑的折磨，饥饿的煎熬，那么你已经比5亿人都幸福了；如果你能够随便出入教堂或寺庙，没有任何被威吓、被施暴、被杀害的危险，那么你就比30亿人幸福了；如果你的冰箱里有食物，身上有衣服，有房住，有床睡，那么你就比世上75%的人都幸福了；如果你在银行有存款，口袋里有钞票，盒子里有零钱，那么你就属于这世上8%的幸福之人。

古希腊哲学家伊壁鸠鲁在《论快乐》中说："无论是拥有巨额财富，还是荣誉，还是芸芸众生的仰慕，或任何其他导致无穷欲望的身外之物，都无法了结心灵的烦扰，更不能带来真正的快乐……凡满足天性者，一点一滴便足以使人富有；而若是填补欲壑，纵然是万贯家财，所带来的也不

第一章 那些伤，为什么还放不下

是富有，而是贫困。"

美国诺贝尔经济学奖获得者萨缪尔森将伊壁鸠鲁这个观点演变成了一个幸福方程式：幸福=已经得到的/所期望得到的。这就是说，我们已经得到的是分子，希望得到的是分母，两者相除就是幸福的指数。如果我们在没有能力将分子变大的情况下，也就是没法获取更多的东西时，如果能将分母缩小也就是对现状保持满足的心态，那么幸福的感觉不会比任何人少。

新希望集团总裁刘永好说："拥有亿万财富的喜悦，与农民种红薯获得丰收时候的喜悦，在内心的感受上是一样的。"刘永好的意思是说，亿万财富与一大堆红薯，会给予人们相同的快乐。当我们没有能力挣亿万财富的时候，那就去收获那堆红薯吧，你同样会很快乐。

据说英国一个专门研究快乐来源的国际组织，曾对4 000名来自不同国家的人进行跟踪调查，得出结论是——低收入的人比年薪超过10万美元的高薪阶层的人更容易对日常生活中的小享受感到快乐，高收入的人很难感受到生活的快乐。在国内，也有类似的说法，就是月薪1 500元的人幸福指数是最高的。

这两个结论看似有些违背常理，因为很多人认为钱越多就会越幸福。实际上，钱不在于多少，而在于恰到好处。比如月薪500元的人，他们的收入大体能满足人类生存的基本需求，也就是可以做到饿了有饭吃，冷了有衣穿。他们没有多余的钱去炒股或者投资，也就不会因为亏损而担惊受怕。他们的工作往往也比较稳定，有比较充足的业余时间，这不是幸福又是什么呢？

微信朋友圈流行一个段子：

事业无需惊天动地，有成就行；

人生无需长命百岁，健康就行；

金钱无需取之不尽，够用就行；

感情无需死去活来，温馨就行；

朋友无需推杯换盏，理解就行；

思念无需望眼欲穿，想着就行。

不管你是家财万贯，还是一贫如洗，其实平静下来想一想，人的一生如此短暂，与其为了追逐名利而身心疲惫，还不如在竞争激烈、物欲横流、诱惑无处不在的现实社会中，对自己所拥有的一切感到满足。以不生气、宁静的心态面对周围的一切，不困于名缰，不缚于利锁，这样心灵才会自由，人生才会快乐。

⊙ 计较越少，幸福感越强

只要稍微留意，我们就会发现这样一个问题：当今中国，物质在发展，社会在进步，人们的生活水平逐年提高，但拥有幸福感的人群却日益减少。压力、抑郁、野心、烦恼等，像泛滥的洪水一般肆意地充斥着人们的神经。于是，他们在内心深处大声质问："为什么幸福的人不是我？""我幸福起来为什么如此难？"

在校生说自己不幸福，工薪族也说自己不幸福；有的人在缺钱时郁郁寡欢，"穷"得只剩下钱时也悲从中来；有的人为进不了名利场而失落，从商为政的又会因公务缠身变得寝食难安；茕茕孑立者为未来迷茫彷徨，有伴侣者却感叹走入围城，难觅到幸福……

在日常生活中，快乐、幸福对很多人而言，宛如成为了一件"蜀道之难，难于上青天"的事情。他们沉溺于对自我、对生活的质疑的泥潭之中，就好比遇见一道难度系数极高的数学题，百思却不得其解。

为什么人们的幸福感如此缺乏？有一部分人是因为太过于注重物质，忽视了精神生活的跟进；有一部分人则是计较之心过重。事实上，那些自我感觉幸福的人，往往都不是因为他们原本拥有的很多，而是由于他们计较的很少。

一个夏日的下午，15岁的少年杨帆去拜访一位年长的智者。杨帆皱着眉头问智者："我如何才可以让自己和他人都变得笑容满面呢？"

第一章 那些伤，为什么还放不下

智者笑着说："孩子啊，你年纪轻轻，便有如此觉悟，实在难得。"

接下来，智者送给杨帆下面四句话——第一句：把自己看成别人；第二句：把别人看成自己；第三句：把别人看成别人；第四句：把自己看成自己。

杨帆说出了自己对前三句意思的理解，很令智者满意。

"把自己看成别人"，意思说的是，在有痛苦感袭来之际，你不妨将自己视作别人，如此一来，痛苦指数自然会降低。当你喜笑颜开之时，同样将自己视作别人，没有谁会无缘无故为旁人的喜悦之事而手舞足蹈，因此，你就会变得淡定从容。当你修炼到"不以物喜，不以己悲"的境界，不再计较得失荣辱，内心就能获得安宁。就算是好事临身，也能泰然处之。保持平和心态，生活就会充满乐趣。

"把别人看成自己"，意思说的是，自己要怀一颗同情之心，心甘情愿地设身处地为别人着想，理解他人的意图和初衷。当别人做出让自己感觉不舒服的举止或行为时，不妨试着站在对方的立场上想问题。这样，你可能会发现，其实对方的所作所为并非恶意，而是有一定苦衷的。倘若条件许可，你还可以在力所能及的范围内，对别人伸出援助之手。

"把别人看成别人"，意思说的是，要尊重每个人的独立性，无论什么场合，或者什么状况之下，都不要对别人的核心领地进行侵犯。就算是夫妻，也不要想当然地以为互相之间必须百分百透明，毫无隐瞒，因为互相尊重、理解和信任，才是婚姻当中最为重要的事项。

对于第四句话，杨帆不太明白是什么意思，便向智者请教。

智者意味深长地说："这句话需要倾尽一生的时间和精力去推敲和理解，当你将这四句话统一起来，贯穿始终，融合在意念里，付诸实践中，你就能获得真正的幸福。"

其实，智者说这番话的初衷是想让杨帆真正地做回自己。在这四句话中，第四句话的分量最重，指的是只有凡事不斤斤计较，坦诚生活，宽容大度，幸福才能成为生活中的主导。

⊙ 情绪掌控术　抵达幸福深处的九个台阶

心理学家们通过对"主观幸福"进行研究后提出新发现：幸福感跟男女性别、年龄大小的关系并不紧密。依照美国心理学家哈利·克塞克的说法，幸福意味着生活在一种"沉醉"的状态中。他提出了以下几点建议，堪称是抵达幸福深处的九个台阶。这些建议或许能帮我们激发动力，获得灵魂内在的幸福。

1. 换一种别样的心情对待生活

将孩子的笑容视作珍宝，在对朋友伸出援助之手的过程中获得满足感，还可以跟好书中的人物一起欢笑。需要特别指出的是，时常计较生活无滋无味的人，往往是因为没有一双发现快乐的眼睛。俯下身，低下头，跟周围的孩子打声招呼吧，他们天真无邪的表情一定会将你心中的美妙感受勾起的。

2. 挤出时间做自己喜欢的一些事情

我们时常听见不少人抱怨自己"没时间"。其实，倘若每天早晨能够早起床30分钟，或者晚上提前30分钟将电视（或电脑）关掉，一年下来，就会多出365个小时。这么算下来，我们怎么会没时间做自己喜欢的事情呢？只要好好利用这些时间，定会让你的生活每日都在惊喜中度过。

3. 善待周边的人

我们要学会善待周边的人，比如优待朋友、配偶等。调查显示，可以一下列举出5个亲密朋友的人，比列举不出任何朋友的人，幸福指数更高。

4. 脸上时常洋溢出幸福感

实践表明，脸上时常洋溢出幸福感的人会感到更幸福。这是因为时常欢笑可以在大脑中激发出幸福的感觉。有研究显示，那些遭逢小偷、骗子的人，通常是一脸愁容、失魂落魄的人，因为此种状态中的人心智最弱，最易成为坏人的盯梢对象。所以，平日里就算遇到困难，也要打起精神，嘴角扬起自信的笑容。你会发现，你的微笑更容易换来别人的微笑与援手。

5. 让自己有事可做

不要将自己困在电视机（或电脑）前，而应该沉浸于能用你的技巧和能力做的事情里。再有，等车、等人、看电视等广告的空当时间，也不妨做一些有价值的事情，比如聊天、讲笑话等。如此一来，生活就会少一些烦躁枯燥，多一些愉悦与幸福。

6. 积极参加室外活动

一个人在阴沉的暗室中待的时间过长的话，情绪也会变得沉重压抑。这个时候，不妨换上一件颜色亮丽的衣服，走向大自然，呼吸新鲜空气，感受鸟语花香，在温煦的阳光里小跑，都有助于我们消除压力与烦恼，迎来幸福的感觉。

7. 保证休息时间

通常情况下，幸福者总是有着充沛的精力，因为他们明白，留出时间享受每日的睡眠。这是净化心灵的时间，也是获取幸福的充电器。

8. 努力消除消极情绪，并试着将"微幸福"积攒于心

积极情绪总是催人奋进，幸福者做的每一件事都是努力消除消极情绪的过程。一个人是否愉悦地度过每一天，关键并不在于他身上有什么大的乐事发生，而在于许许多多琐碎的小乐趣。如果你想走进幸福深处，不妨试着将一些"微幸福"积攒于心。

在英国，有一家名叫"三桶白兰地"的机构，为了寻找那些发生在我们生活中最为普通却让人幸福感油然而生的小事，该机构发起了一项针对3 000名英国人的小调查。在调查中，研究人员罗列了50个不同的选项，让受访者一一做出选择。其中，"在旧牛仔裤的口袋中发现10英镑"成为了最让英国人有幸福感的一件事。再有，"躺在刚刚清洗干净的被窝中"和"看见一对老年人一起牵着手散步"也让受访者大感幸福。事实上，在跟受访者沟通的过程中，研究人员发现，单单对这些幸福的小事进行阅读就已经令人产生幸福感了。因为当人们在阅读它们的时候，就已经踏上了一条快乐之路。

下面是研究人员调查出的30件最幸福的小事：

在旧牛仔裤的口袋中发现10英镑；外出游玩；躺在刚刚清洗干净的被窝中；在大海中畅游；阳光好的时候出门散步；坐着晒太阳（坐在哪儿都行）；意外收到礼物或鲜花；收到一条来自爱人的温馨短消息；（和我爱的人，或爱我的人）拥抱；有人送自己一张感谢卡；看见一对老年人一起牵着手散步；风和日丽之际开车去兜风；买彩票中了点小钱；规划好一个假期；听到自己喜爱的音乐；买到了物美价廉的物品；与长期未见的老朋友邂逅；在公园中野餐；获得升迁；（跟爱人一起）度过浪漫的一晚；聆听一首能让人回忆往昔的歌曲；回翻老照片；结识新朋友；可以一个人静静独处；在乡野之间随意行走；听到婴孩的笑声；跟友人一起出门约会；清晨醒来，猛然意识到是休息日；吃到巧克力；吃到甜点。

9. 有精神信仰的人，幸福指数更高

人类的身体对物质需求并不高，倘若消耗过多的精力去追求，到头来只会让心灵一片空虚。不妨多寻找一些精神享受，比如救助流浪小动物、保护自然环境等。有无精神信仰与幸福感的调查显示，有精神信仰者的幸福指数更高。

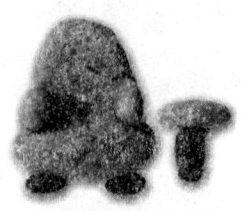

第二章
EQ情商：情商比智商更重要

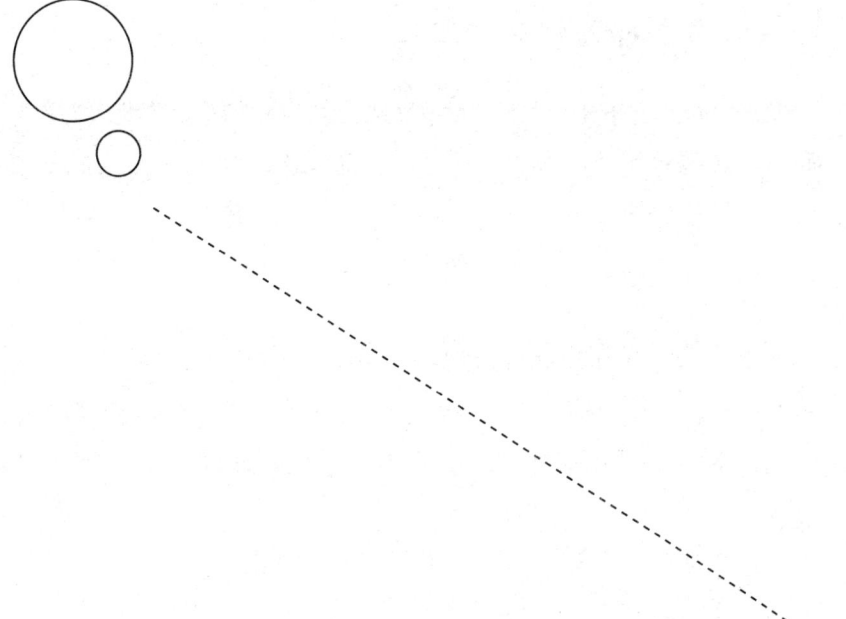

 情商：决定个人命运的关键

曾经我们总是以智商的高低来评判一个人将来是否是个人才，将来是否会有出息。但是，很多智商很高的人却让我们失望了，他们并没有成长为我们所期望的人才，反而是因为一些小挫折、小困难就无法生存下去，成了大众的反面教材。这是为何？因为他们的情商低。情商，原来我们一直忽略了它。

⊙ 高校自杀事件为何频频发生

2005年4月23日下午4时，北大中文系大二的一名女生从北大理科2号楼9层跳下，经抢救无效，身亡。后经证实确认这名女同学系自杀，是因为心理压力过大而选择自杀的。半个月后，数学系一名男博士从同样地点跳下，当场身亡。死亡原因不明，但可以肯定，一定是由于情绪或者心理问题而导致的轻生。

2005年6月4日上午，北京师范大学一名韩国留学生自该校公寓楼7层跳下身亡。当天下午，中国青年政治学院社会学系一名大二女生自学生公寓4层跳下。她站上窗台的瞬间，同寝室同学曾经竭力拉她，但最终没能留住她的生命。

2005年8月20日下午4时多，中科院上海有机化学研究所的在读博士生孟懿从研究所教学楼7楼纵身跳下，结束了自己26岁的年轻生命。令人感到震惊的是，孟懿在决定自杀之前并没有表露出任何征兆，而在遗书中，他坦言自己选择跳楼来结束生命的原因是"厌世、精神抑郁"。

第二章　EQ情商：情商比智商更重要

2005年9月14日晨，北京中科院高能所28号楼下，中科院理论物理所的博士后茅广军的尸体被人发现。之后，警方排除他杀。36岁的茅广军是中科院理论物理所的博士后、德国洪堡学者和日本STA学者，在32岁时就成为了正高研究员，每个认识他的人对他的评价都是"优秀"。茅广军平时比较沉默寡言，很多人难以相信，这个人缘极好、前途光明的中科院理论物理所的博士后，会选择这样的方式结束自己的生命。

仅2005年一年，北京高校就有15名大学生自杀身亡。2004年，北京自杀死亡的学生为19人。触目惊心的数字啊！警钟已经拉响，我们必须要直面一些不愿看到的问题。这些国家培养的学子，他们的智商不应怀疑，知识水平不能否认，为什么会有这样令人惋惜的举动结束自己的生命呢？一本《自杀日记》一度在大中小学校的校园里悄悄地流行。可见，这本书迎合了这些在校学子的心理需求，为什么这样的书会在那个神圣的地方有生存的土壤？

问题出现之后，大家都开始思索大学生这一高智商人群的心理问题，出现问题的原因何在？我们发现了"情绪"这个因素的巨大影响力。

当高智商的学子在情绪上不能自控的时候，往往会产生许多心理问题，不但不能发挥自己的才能；相反，会对自身和整个社会产生可怕的后果。然而，作为非正常死亡的自杀，它并非肉体生命发展的自然结局，而是人的自由意志的断然抉择。

法国著名社会学家迪尔凯姆在其名著《自杀论》中给自杀下的定义是："凡由受害者本人积极的或消极的行为，直接或间接引起的受害者本人也知道必然会产生这种后果的死亡。"根据这个定义，迪尔凯姆把自杀划分为四种类型：第一，利己主义自杀。即在极端个人主义支配下，个体脱离社会，远离集体，空虚、孤独，丧失社会目标而自杀。第二，利他主义自杀。这往往是个人利益服从于某种集体利益所促成，如老人或病人为了不给亲属增加负担而自杀。第三，反常自杀。它主要发生在社会大变动时期或经济危机时期，个人丧失对社会发展的适应能力，新旧价值观念的冲突无法解决，或因社会变动而造成个人沉沦。第四，宿命论自杀。这是集体强加于个人的过多规定与束缚造成的，个人感到前途黯淡，压抑过大，因此选择自杀来结束自己的生命。按照这些类型对当前青少年自杀现象归类便会发现，它们大部分属于第一种和第四种，此两者中又以宿命论自杀为最多。

几年前，《中国青年》杂志刊登了一封引人深思的遗书："那天我看电视，见采访一个放牛娃。放牛娃说，他的理想是放好牛，然后卖牛挣钱盖房子，盖了房子娶媳妇，娶了媳妇生孩子，生了孩子再让他放牛。事后，我想到了自己——我为什么读书？考大学。考上大学又为什么？找一份好工作。有了好工作呢？找个好媳妇。然后呢？生孩子，让他考大学、找工作、娶媳妇……"最后，他得出结论："这样的生活没意义，这样的生命没价值。"于是，一位连续3年是校级三好学生、班长的优秀少年服毒自杀了。

少年的自杀说明他有思想，有独立的思考问题的能力，可是这样一位有思想的高智商的少年，却考虑不到人生并不是这样一个单维度直线，人生的意义就是在于过程，终极的意义就是死亡。

天才的脑袋想不明白最简单的道理。高智商的大学生的情商可能比人们想象的还要低。据报载，某大学生少年班的"天才"在情绪调节、心理发育上存在种种隐患，表现为孤僻、闭锁、交往障碍和智能减弱。某大学生心理咨询中心的数据表明，近几年该校休学的学生中，34.3%是由于心理疾病。

对于一个人的成才，必须要考虑更多的因素，一些非智力的因素一定要考虑进来。高智商与成才之间的必然关系已经崩溃，尤其在这个瞬息万变的信息社会里。知识的重要性固然不可否认，但是，信仰与精神的力量尤其不可忽视。人才的概念不可专注于智商，正是由于高智商人群的问题令人惊异，当"情商"这一概念出现之后，立刻令人振奋，就像抓住了一根救命稻草。心理学、成功学、管理学、教育学，都在讲这一概念。我们

第二章　EQ情商：情商比智商更重要

在这里要讲到的，涉及的领域非常广泛，力求全面看看"情商"这一概念的应用。探讨的核心问题就是怎样成就辉煌的人生，怎样使人生有意义。

如果要问，到底什么样的人生才算是成功的人生？简单地说，成功人生的意义就是成为最好的你自己。现在更多的大学生需要知道的不是如何从优秀到卓越，而是如何从迷茫到积极、从失败到成功、从自卑到自信、从惆怅到快乐、从恐惧到乐观。因为现在，大多数都是渴望自信却又总是自怨自艾、渴望快乐但又不知快乐为何物的学生。一个极端的例子是2004年2月发生在云南大学的马加爵事件。他残忍地杀害了自己的4名同学。但从马家爵被捕后与亲人、心理学家的对话内容看来，他应该不是一个邪恶的人，他说："姐，现在我对你讲一次真心话，我这个人最大的问题就是出在人生的意义到底是为了什么？……在这次事情以后，此时此刻我明白了，我错了。其实人生的意义在于人间有真情。"可惜他是在案发被捕后才悟出的。他只是一个迷失方向、缺乏自信、性格封闭的大学生，过于迫切地希望知道如何才能获得成功、自信和快乐。实际上，成功、自信、快乐是一个良性循环：从成功里可以得到自信和快乐，从自信里可以得到快乐和成功，从快乐里可以得到成功和自信。

"人生只有一次，我认为最重要的就是要有最大的影响力，能够帮助自己、帮助家庭、帮助国家、帮助世界以及帮助后人，能够让他们的日子过得更好、更有效率，能够为他们带来幸福和快乐。"从大学二年级起，李开复就把"影响力"当作自己的人生目标。当初放弃在美国的工作，只身来到中国创业，就是因为觉得后一项工作有更大的影响力，和他的人生目标更加吻合。

无论是为了真情，为了影响力，还是为了快乐、家人、道德、欲望、求知……一旦确定了人生目标，你就可以在人生目标的指引下，果断地做出人生中的重大决定。每个人的人生目标都是独特的。最重要的是，你要主动把握自己的人生目标。但你千万不能操之过急，更不要为了追求所谓的"崇高"，或为了模仿他人而随便确定自己的目标。

另外，尝试新的领域、发掘你的兴趣也是至关重要的。

首先，要把兴趣和才华分开，做能发挥自己才华的事容易出成果，但不要因为自己做得好就认为那是你的兴趣所在。为了找到真正的兴趣和激情，你可以问自己：对于某件事，我是否十分渴望重复它，是否能愉快地、成功地完成它？我过去是不是一直向往它？是否总能很快地学习它？它是否总能让我满足？我的人生中最快乐的事情是不是和它有关？如果你能明确回答上述问题，那你就是幸运的；如果你仍未找到这些问题的答案，只有一个建议：给自己最多的机会去接触最多的选择。唯有接触你才能尝试，唯有尝试你才能找到你的最爱。然后，针对自己的兴趣，制定目标，步步迈进。首先，要客观地评估距离自己的兴趣和理想还差哪些必要的要求，是需要学习一门课、读一本书、做一个更合群的人、控制自己的脾气还是别的因素，5年后成为最好的自己和今天的自己会有什么差别，或是其他方面的差距，你应尽力弥补这些差距。

其次，充分发挥中国人的传统美德——勤奋、向上和毅力，努力完成目标。在制定具体目标时必须了解自己的能力，"知人者智，自知者明"。目标设定过高固然不切实际，但目标也不可定得太低。任何目标都必须是实际的、可衡量的。比如，李开复在谈到自己的成功经验的时候这样讲："我有一个目标是扩大我在公司里的人际关系网，但'多认识人'或'增加影响力'的目标是无法衡量和实施的，我需要找一个实际的、可衡量的目标。于是，我要求自己'每周和一位有影响力的人吃饭，在吃饭的过程，要这个人再介绍一个有影响的人给我'。衡量这个目标的标准是'每周与一人一餐、餐后再认识一人'。当然，我不会满足于这些基本的'指标'。扩大人际关系网的目的是使工作更成功，所以，我还会衡量'每周一餐'中得到了多少信息，我的部门雇用的人有多少是在这样的人际网中认识的。一年后，我的确从这些衡量标准中看到了自己的关系网有了显著的扩大。"

目标都是属于你的，只有你知道自己需要什么。制定最合适的目标，主动提升自己，并在提升过程中客观地衡量进度，这样才能获得成功，才能成为更好的自己。

⊙ 天才与白痴的一步之遥

在人生道路上，以智取胜的时候当然有很多，但是心理素质在一个人成才的道路上有着不可忽视的意义。

大家都知道有一个著名的"软糖试验"，很能够说明一些问题。

著名的心理学家瓦特·米歇尔在斯坦福大学的幼儿园里做了一个软糖试验。他召集了一群4岁的小孩，在一个大厅里面坐下，每个人面前放了一个软糖，对他们说："小朋友们，老师要出去一会儿，你们面前的软糖不要吃它，如果谁吃了它，就不能再加一个软糖；如果你控制住自己不吃这个软糖，老师回来会再奖励你一个软糖。"老师假装走了，在外面窥视。

这群4岁的小孩，在老师走了以后，看着软糖，甜啊。有的小孩过一段时间手伸出去了，缩回来，又伸出去了，又缩回来，过了一段时间以后，有的小孩开始吃了。但是有相当多的小孩坚持下来了，老师回来后，就给坚持住没有吃软糖的小孩奖励了一个软糖。

试验结束了吗？没有，后面的过程才是重心：专家就开始分析那些没有吃糖的孩子，他们凭借什么力量坚持下来了呢？有的小孩就数自己的手指头，不去看软糖。有的把脑袋放在手臂上，努力使自己睡觉。对这些孩子，他们继续观察，继续分析，到了这些小孩上小学、上初中，他们就发现，能控制住自己的不去吃软糖的，上了初中以后，大多数表现比较好，成绩也比较好，合作精神也比较好，有毅力；而控制不住自己的，表现不好，不仅仅是读中学，进入社会之后的表现，也是如此。

这个"软糖试验"告诉我们什么？那就是学会控制自己。这项并不神秘的试验使人们意识到，不要将智力在人生的作用方面估计偏高，在我们走向成功的道路上，一定还有很多别的因素。

例如，三国时期的周瑜，智商很高，领兵打仗能力可谓是足智多谋，年纪轻轻地就当了将军。最初，许多老将都不服他，这么年轻的后生怎能担当如此大任？后来火烧赤壁，打了一次漂亮的大胜仗，大家这才对他另眼相看。智商这么高的一个人，后来怎么死的？说来可笑，是被诸葛亮三气而死的。《三国演义》第56回就有记载，不管是真是假，它告诉我们有这样一类人，即使他是成功者，也有软肋，如果不能克服的话，那就是致命伤。孔明三气，他竟然马上昏厥，断气了。仰天长叹："既生瑜，何生亮！"年寿只有36岁，这应该是周瑜的事业如日中天的最佳时刻，他本来应该可以取得更大的成功的，但是他在顺利的时候趾高气扬，遇到逆境的时候，竟然抑郁成疾。总之，他是一个心胸狭窄容不得人、爱动怒、爱生气、嫉贤妒能的人，还多次想把诸葛亮干掉。所以，他不仅没有取得更大的胜利，还因过度的生气而早早地撒手人寰，可悲，可叹！可见，一个人的心理素质是怎样的，决定了他将来能够承担什么样的大事，以及做到什么样的程度。在现代社会有很多这样的情况，不少神童长大后最后没有像人们想象的那样可以有大出息，为什么？只能在性格上找原因。

通常情况下，普通人的智商介于90～110，而智商高于130的人则被称为"天才"。有统计数据表明，"天才"在同龄人中的比率约为2%。人们常说，"天才与白痴只有一步的距离"。"高智商"有时候会被认为"低情商"，"高情商"有时也是一种"低智商"的表现。

风靡世界的电影《阿甘正传》中的主人公阿甘，就是一个典型。他是天才的运动员、战士、商人，可是我们知道他从小就是被人嘲笑的白痴。他真的是白痴吗？智力的迟钝固然令人与成功有了距离，但是成功不一定永远属于高智商的天才。成功属于高智商与高情商完美结合的人。我们可以从阿甘身上学到很多东西，我们可以学到的最重要的一点，就是专心做好自己的事情。"天才"与"白痴"的一个共同点，就是执著于一点，竭尽全力，不达目的决不罢休。阿甘天生就注定不是一个出类拔萃的人，但上帝又是如此的公平——往往会令起点不高的人比天生优越感十足的人

第二章　EQ情商：情商比智商更重要

更早更深刻地认识到生活中的真实。从智商只有75分而不得不进入特殊学校，到橄榄球健将，到越战英雄，到虾船船长，到跑遍美国……阿甘以先天缺陷的身躯，达到了许多智力健全的人也许终其一生也难以企及的高度。

有的人常常会感觉到生活的负担过重，人生道路上，面前的困难重重，因而整天垂头丧气、郁郁寡欢。阿甘呢？在生命的每一个阶段，心中都有一个目标在指引着他，他也只为此而踏实地、不懈地、坚定地奋斗，直到这一目标的完成，又或是新的目标的出现。

没有心灵杂念的人，才能够在人生中举重若轻。正是因为他的信念是这样的单纯，目标又是这样的清晰，即使先天不足，甚至是面前有穷山恶水，可爱的阿甘也绝对能够以一颗平常的心视之，并最终一一跨过。这绝不是仅仅用"傻人有傻福"就可以解释的。所以，我们宁愿相信，只有保持阿甘这种生活态度和坚强意志的人，才能够用信念减轻自己许多关于生命的重负，从而达到生命之巅，获得最终的辉煌。

《阿甘正传》获1995年第67届奥斯卡最佳影片、最佳男主角、最佳导演、最佳剧本改编、最佳剪辑、最佳视觉效果六项大奖，导演是罗伯特·泽梅基斯。重要的是这部片子影响了一代人关于人生的思考：在我们的身边，究竟谁是傻瓜谁是天才？

人们常常认为，智商高的少年与普通少年相比情商往往有缺陷，如爱独处、易怒、脾气不好等等。但德国马堡大学心理学教授德特勒夫·罗斯特教授却指出，这一偏见并无根据，"天才"少年的情商与普通少年并无明显差别。这些少年由于智力上的超常而往往被认为在生活等其他方面也具有较强能力，因此往往需要独立自主地处理更多的事情，人们对他们的要求也会比普通孩子高一些，从而造成一定的心理压力，显得离群索居。而普通少年则要轻松一些，在生活等方面受到的优待相对更多。这可能是导致两者性格表现方面出现差异的原因。如果一个高智商的"天才"没有正常的"情商"，这样的"天才"是站不住脚的，爱因斯坦的例子最明显。

阿尔伯特·爱因斯坦降生在一个犹太人家庭。小时候的爱因斯坦便对各种事物怀有强烈的好奇心。5岁时，父亲给他买了一个指南针，那是一个儿童玩具。当阿尔伯特注视着那根指向南方的"魔针"时，他兴奋得简直坐立不安了。他觉得这个小东西是那么的神奇，当时虽然不懂得什么是磁场理论，但他却本能地感觉到，自然界蕴藏着无数的奥秘，自己正站在一个令人着迷的世界的门前，于是，他从小便产生了探索大自然的强烈欲望。凭着自己的高智商，爱因斯坦在科学上提出的理念非常新颖，不可思议。直到今天，他关于时间和空间的理论——相对论，关于微小粒子的理论——量子论等，仍极大地影响着科学家对原子和宇宙的看法。

世界上没有多少人能名副其实地被称为"天才"，但爱因斯坦肯定当之无愧。他的理论几乎改变了物理学的每一个范畴。如果没有这些理论，现在的激光、电视、电脑、宇宙航天和其他很多事物根本就不会出现。但是，爱因斯坦在童年的求学时期并不愉快，老师们都认为他并不很聪明，对待他也很不友善。一次，教师送来了他的成绩报告单，他的父亲看了感到很痛心。老师对他的父亲说："这孩子智力迟钝，不喜欢同人交往，老是糊里糊涂地在自己的梦呓中游荡。"同学们还给爱因斯坦起了一个绰号——"孤独小老头"。但阿尔伯特并没有察觉到长辈的担忧，他感到这个世界充满了奇观，他的心智像一匹脱缰的野马，想要奔驰。他觉得自己是孤零零一个人来探索这个世界的，他不需要什么伙伴。他在花园里玩耍，或者在街上边走边唱自己编的歌曲，他难以置信地过着快乐的日子。

情商的锻炼与艺术的修养密切相关，爱因斯坦对音乐的迷恋不亚于对自然的痴迷。爱因斯坦的母亲是位颇有才华的钢琴家，在母亲的影响和教育下，他从6岁开始学拉小提琴。音乐使他兴奋异常，每当他的母亲在钢琴上弹奏一曲莫扎特或贝多芬的奏鸣曲时，他就一动不动地站在旁边，出神地听着。虽然他精于音乐，但很多学科的成绩都很差。可是，他对数学却有着浓厚的兴趣，在12岁到16岁这段时期，爱因斯坦熟悉了数学的基本原理，并对自然科学的研究状况有了一定的了解。不久，他的数学和理论科学的专长得到了公认。

1896年，他进入联邦工技学院物理数学系就学，4年后毕业。直到1902年，他在伯尔尼专利局找到了一个"三级技术鉴定员"的职位，他一个小时又一个小时地伏案计算着数字，而心里却梦想着天上的群星。他告诉他的女朋友："我一直在试图解决空间和时间的问题。"1905年3月，爱因斯坦发表了《关于光的产生和转化的一个启发性观点》，提出了量子学说，成功地解释了经典物理学所无法解释的光电效应，开拓了量子力学领域的研究，这也使他在1921年荣获了诺贝尔物理学奖。1906年，爱因斯坦发表了具有划时代意义的论文《论运动物理的电动力学》。这一理论的创立，不但揭示了力学运动和电磁学运动在运动学上的本质统一性，而且也为原子能的开发和利用提供了理论基础。

20世纪的另一位伟大的物理学家普朗克写信对爱因斯坦说："您的理论将要带来的是如同曾经为哥白尼的世界观所进行的战斗。"并推荐爱因斯坦于1908年成为了伯尔尼大学的副教授。但是普朗克没有意识到相对论给物理学带来的深刻变化。爱因斯坦以时空相对观念取代了牛顿的绝对时空观念，向束缚人类几千年的经验和流传科学界近300年的权威提出了挑战。1919年的日全食观测和爱因斯坦相对论做出的预测吻合。11月10日《纽约时报》以"天上的光全是歪的，爱因斯坦的理论胜利了！"作为醒目的标题发表。对爱因斯坦来说，科学重于一切。科学就是他的生命，他虔诚地为此献身。直到晚年，探求上帝的微妙、寻求秩序和谐的自然法则的愿望仍盘踞在他的心中。

因此，我们对于"天才"的概念不能仅仅局限于智力的高低，"情商"因素的影响绝对不能忽视。爱因斯坦的心境可以说是一种执著与痴迷、平静而辽远的，并且在音乐艺术的世界里，他能找到自己的心灵家园，他不会孤独、寂寞、绝望、忧郁成疾。这些所有的"情商"因素对他的成才起到了不可忽视的作用。

情绪掌控术　智商重要，情商更重要

一名儿童保健专家介绍说，曾有一位10多岁的男孩在妈妈的陪同下来医院咨询。这名男孩非常内向，在医生询问情况时总是低着头不说话。

从孩子的妈妈那里了解到，孩子小时候还是挺活泼的，嘴也非常甜。为了提高孩子的智力，父母从小给他购买各类益智玩具，此外还帮他报名书法班、围棋班等。但令人百思不得其解的是，孩子的性格越来越内向，话越来越少，做什么事情都显得没有信心。

经过医生的询问了解，原来孩子的父母非常重视对男孩的"智商"培养，但在平时却并不注重和孩子的交流和沟通，对他性格的变化也不甚关注，医生得出的结论是：孩子的"情商"比较低。

美国哈佛大学教授丹尼尔·戈尔曼出版了一本书，叫做《情感智力》。该书系统而全面地将情绪智商方面的内容介绍给了大众，一时风靡全球。与此同时，"情商"这一概念也在世界范围内迅速蔓延，广受关注。在这本书中，戈尔曼教授提到了一些情绪方面的问题，如人们普遍感到孤单、忧郁、任性、焦虑、冲动等——这引起了大众的强烈共鸣。那么，究竟是什么原因导致了这种生活状态呢？人们虽然找到了诸多原因，但最根本的，还是要属情商。

情商的高低对一个人的身心发展有着重大影响。对其能否取得成功同样有着不可估量的作用，有时其作用甚至要超过智力水平。

戈尔曼教授认为，情感智力方面的主要技能包括以下几项内容。

1. 自我意识

拥有它，你就能理解自己的情感，并在它们发生时，认识到这一点。你的情绪反应把你引导进不同的情景中，当你充分认识到自己的局限性时，就能最大限度地发挥出自己的能量。

2. 自信

自信建立在对自己的局限性的现实认知的基础上。自信的人知道，什么时候应该信任自己的决定,以及什么时候应该顺从他人的意见和观点。为了发挥出自己的最大能量,自信的人敢于持续地去面对新的挑战,因为这些挑战可以不断拓展个人的潜力。

3. 自我调节

这种能力能够促使你始终把注意的焦点集中在自己的目标上,在目标完全实现以前,不会因进步过于细微而裹足不前;它还能使你迅速地从挫折中恢复过来,重新看清自己的终极目标。为了更好地实现目标,必须排除破坏性情绪的回应。你将通过持续地与自己最重要的需求保持联系,而不断地激励自己。

4. 激励

这种能力能够促使你去关注他人的需要、偏好、价值观、目标和个人实力,并以此激励他们。

5. 移情作用

具有移情作用,你就能与他人的需要、价值观、希望及观点相契合,你可以通过积极地把自己置身于对方的位置上而感知对方的感情和思维。

6. 社交敏感性

快速而又良好地解读当下的情景,无论是口语的还是非口语的,它能够让你了解和适应与你有良好人际关系的人的意图。你在团体交往活动中的敏感性,使你能够确认团体中谁是最有势力的人,并与他人的文化类型保持一致。

7. 说服力

拥有良好情感智力的人擅长于解读他人的意图和希望,并创造出双方都满意的结果。他们具有不断开发双赢思维的习惯,努力寻求使个人目标与他人目标保持协调的途径。

8. 冲突管理

具有这种能力,你就能够在冲突发生以前预防它,并把注意的焦点转移到更富有成效的行动过程上。如果冲突不断升级,你可以通过聚焦冲突双方的意图来解决它,因为冲突双方都是出于关心自己最大利益的意图。

研究表明,仅看智商,基本不能说明人们在工作中能否有所成就或生活是否幸福。如果说智商高低与人们事业成功与否有多大联系的话,智商高低所起的作用,最高估计也不过25%。有一份较谨慎的分析报告认为,更准确的数字是不超过10%,大概为4%。

但是,在强调认知能力的学科中,也会有情感智商似乎影响不大的现象。出现这种矛盾,是因为这些学科的入门要求极高。进入专业技术领域工作的智商门槛通常为110~120,跨过了高智商这个拦路虎,进去的每个人都是佼佼者,在承担相对独立的专业技术工作中,情商也就无竞争可言了。

每个人都希望自己获取成功,每个家长都希望自己的孩子成功,每个老师都希望自己的学生成功,每个领导都希望自己的部下成功。成功的路有千万条,成功的方法有千万个,但是看我们周围,真正成功的又有几个呢?

尤其是身处当今飞速发展社会的人们,如果不能及时地管理好自己的情绪,调整好与他人和社会的关系,最终败在自己手里的人绝不在少数。

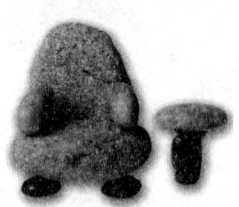

 # 改变心智，改变情商

心理学家威廉·詹姆斯说："人类通过改变他们心智中内在的态度，就能改变在生活中的外在样子。"

⊙ 情商是可以改变的

那些在提高情商方面取得进步最快的人常常是那些提问题最多的人。问题是好奇心产生的结果，是产生值得探索的兴趣点的阶梯。在我们传统的观念中，问题太多的人往往被认为是无知，或者调查某个主题时缺乏信心。但是实际上，我们认识到挑战性的问题往往来自想知道更多的愿望。

情商技巧的改变是随着你的情商实践程度而变化的。与通常的智力和个性不同，情商是一项可以改进的具有灵活性的技巧。它也能被意义重大的生活环境所影响，你可能看到它随着失业、离婚、意想不到的鼓励或者其他重要生活事件的回应而波动起伏。真正的诀窍是理解你的情商技巧，密切注视它们，为你的利益使用这些技巧。你在磨炼你的情商技巧方面做得越多，你的情商水平提高得越快。

当你努力改进你的情商技巧时，这个过程将会持续好几个月，然后才能看见一个较为明显的变化。学会在改进期间适当停下来和学会对你周围的环境作不同的思考是你开始时应该做的所有事情。一些新的行为很容易迅速产生，人们将会立即注意到你的变化。把你的注意力转移到情商上会给你带来新的视角，这个视角让你觉得改变情商不是很难的事情。像学习任何新的技巧一样，改进你的情商需要实践。

一个人每次只能有效地处理少数行为。如果想尝试通过单一努力就能提高所有情商技巧，最后的结果一定会失败。你应该每次提高一项情商技巧，这需要你集中精力改变一些关键行为来获得良好的结果。例如，如果你选择提高自我管理技巧，就应该不要把时间花在思考"我需要自我管理……"上。更为正确的做法是，你需要编制一个计划，把明确的提高自我管理技巧的行动包含在日常事务中。这些行为中的每一种都是一项意义重大的新挑战，只有每次掌握一项你才能真正形成新的习惯。

情商技巧相互之间有大量的重叠也很重要。如果你开始改进你的自我管理技巧，你的其他情商技巧也可能会同时改进。例如，为了学会在某些事情困扰你的时候不忽略其他人，你非常清楚的是必须要自我管理。这也将会改进你与他人的关系，提高你的关系管理技巧。所以，即使是最有雄心改进情商技巧的人，也应该相信坚持不懈地提高某种单一技巧将会带你走得更远，各种情商技巧将会一起发挥作用，给你带来好处。

如果你对这样做感觉到舒适的话，你应该与至少一个你信任的人分享你的目标。即使那个人只能给你最少的支持，你也会发现在你的努力过程中，他或她将会起到非常重要的作用。当你制定出一个公开的目标时——甚至只是简单地告诉某个人，你正在努力做什么——你抵达那个目标的可能性就会增加10倍以上。把它说出来会在你的内心中创造更高层次上的责任感。当你监督你的进步时，其他人会成为一个重要的信息资源，他们可以描述，他们看到你的努力如何在发挥作用。当然，出于各种各样的原因，总会有一些人你不想告诉，这很正常。对你来说，为了从与另一个人分享你的目标中受益，那个人必须乐于从事自在的和建设性的合作。如果你告诉的这个人不想花时间来理解或者仅仅是打算给你一个难以安排的时间，你最好私下去努力实现你的情商目标。

情商会随着年龄的增长而增长。大部分人在他们的一生中自我意识技巧都会提高，而且随着年龄的增长会更容易管理他们的情绪和行为。通过测试发现，50岁左右的人比20岁左右的人情商得分要高出25%左右。

⊙ 提高你的情商

能够建设性地使用一些相关的情商技能，让你和他人每一天的交往变得更加积极、愉悦和富有成效。在此过程中，每一次的机会都能使你的能力得到更全面的发展，使自我实现的水平更高。

雷·查尔斯是一位歌星、作词家、作曲家和音乐家，学会克服最彻底的不舒服，是他的个人能力和职业成功的诀窍。他是一个罕见的天才，能驾驭好几种音乐风格，他的作品使他在摇滚音乐殿堂、爵士乐以及布鲁斯音乐中成为奠基人。所有这些都是来自儿童时代差点被毁掉的人生经历。

在大萧条期间，雷与他的母亲及弟弟生活在贫穷之中。当他3岁时，他的弟弟淹死在一个特大型洗衣盆中。在那年晚些时候，他开始丧失了视力。7年以后，他的妈妈去世了。他在自传中描述他妈妈的死是："在我整个生活中最具毁灭性的事情——什么都没有了。从那时候起，我完全置身于另一个世界。我不能吃东西，不能睡觉——我整个人进入了另一个世界。最大的问题是我不能哭，我无法让痛苦离开我，那会让事情变得更糟。"

邻居有一个叫马贝克的中年妇女，看到雷在他妈妈逝世之后变得非常孤僻，于是在某一天把雷叫到一旁，逐字逐句地告诉他，他的妈妈希望他能运用自己的天分坚持过自己的生活。当他后来作为一个成年人描述这件事情时，他说他第一次在她的家里哭了起来："像婴儿一样号啕大哭，为积累下来的所有痛苦号啕大哭，为失败和不幸以及妈妈曾经给予过的甜蜜号啕大哭。"那天他克服了心中的极端痛苦，最后他把这些经历带给他的情绪写进了他的音乐中。他说那些事情"非常奇怪，对我来讲格外实在。从那时起我完成的所有作品，真的都是来自于那些事件相关的亲身经历"。痛哭和呼喊成为他对流行音乐贡献的标志。

个人能力是了解你自己以及尽最大努力利用你所拥有的东西做自己所能做的事情。它不要求完美或者对你的情绪有完全的控制；相反，它允许你的情绪通过一定渠道表现出来并指导你的行为。

提高个人能力的最大障碍是自我意识会努力逃避不舒服的趋势。人们通常无法对从未思考过的事情进行合乎逻辑的推理，因此，当他们面对自身不足时常常会感到刺痛般难受。克服不舒服是有效改变的唯一途径。

你的目标应该不仅仅是避免情绪用事，更重要的是，你要朝向它、深入它，最后超越它。

当你忽略情绪或让情绪起伏最小化时，不论这种情绪有多小或者有多么无关紧要，你都会因此错过利用此情绪做些更有效事情的机会。更坏的是，忽略你的情绪并不会让你远离这些情绪，因为这样做只会在你不希望这些情绪出现的时候再次出现。

为了改进你认识情绪的能力，你需要考虑人们表达的情绪范围。

我们有如此众多的词汇来描述在生活中产生的情绪，但是所有情绪都是五种核心情绪的引申：幸福、悲伤、愤怒、恐惧和害羞。每种情绪都会以不同的强度、不同的形式表达出来。如果你能了解到情绪是一种复合体，就能帮助你理解每种情绪的真实状态。

为了精确地认知某一种情绪，你也必须注意到内部的强度调节器——与情绪伴随而来的思想与身体上的征象。

这些征象不是这些情绪本身但却是伴随它们而来的思想和感觉。例如，你的大脑可能会一片空白；你可能感到热、冷或者麻木；你的心脏可能会无节奏跳动或者跳动加速；你可能会感到肌肉紧张或者出现幻觉。每个人的内部强度调节器都不一样。思想和身体上的感觉非常好地体现了你对发生这种情绪的环境所做出的常规反应。

实践情商技巧帮助我们在每一种可能的环境下能更加熟练、更加迅速地给情绪定位并运用情绪增强我们的优势。

我们所知道的拥有极高情商的人只不过是那些在这个过程中领先的人。确信无疑的是，为了尝试提高情商，他们早期都有太多失败的故事。现在他们显得平静了，他们的技巧好像很容易获得，甚至不可思议地能一直保持着，这些也不过都是表面现象。

⊙ 情绪掌控术　自我情绪调节术

我们非常喜欢用"火山爆发"来比喻人们发怒的情形，但火山是没有生命的，受自然物理力量的驱使，除了爆发之外，自己一点作用都发挥不了。可是，我们人类可以发挥自己的作用，帮助自己处理好各种情绪，因为我们具备自我情绪调节的能力。

接纳自己的情绪，与你的情绪状态一起投入到工作中，而不是沉浸在情绪状态中无法自拔。当一种情绪产生时，与其想着"我必须现在处理自己的情绪"，或者"我必须把压在胸口的情绪发泄出来"，倒不如试着换一种思维方式："我真的要现在就处理自己的情绪吗？"或者"我真的要处理自己的情绪吗？"又或者"我如果现在处理自己的情绪，要付出什么代价？"通过延迟获得满足，抑制你的冲动，你就实现了对自我进行良好的控制。所以，在与那些一遇到各种情绪、本能驱使就马上陷入其中，无法自拔的人相比较的情况下，你的优势立刻就体现出来了。

情绪调节是否存在着一个下限呢？有没有可能过于强调对情绪的控制，而出现情绪控制过度的情况？我们都熟悉那些不能或者不愿意表达内心感受的人，并且经常会给他们贴一些标签，如"保守派""冷美人""木头人"等。把不善于表达情绪、情感的人当作笑料，取笑他们，是件很容易的事情。同样，众目睽睽之下掉眼泪、哭泣，也不难做到。对于我们来说，应该记住一个普通的规则，那就是：尽管内心有些情绪让你或者他人感到无比沮丧、厌倦和吃力，但是设法控制住你的各种情绪状态，总是一个更为上乘的选择。

总之，自我情绪调节关注的是，寻求达到一种平衡。在情绪的调节过度与调节不足两者之间，就如同有一个金矿那样值得我们去探索，这个金矿的位置要更接近情绪调节过度这端，稍偏离于情绪调节不足。

自我情绪调节技巧有以下几种。

1. 换个角度看问题

相信自己可以控制情绪，并且充分认识到良好心态对自己的重要意义。遇到问题的时候，不妨从另外一个角度去看待问题，一切就都会不一样的。

2. 给自己几分钟独处时间

如果心情确实太糟糕，可以利用几分钟的时间独处，然后集中精力去愤怒、悲伤、绝望……时间一到，就要让自己停止消极情绪的发泄。这种集中时间发泄的方法，让我们不至于太压抑自己的消极情绪，又能让不良情绪及时"刹车"。

3. 你不是奥特曼，无法打败所有怪兽

承认自己不是奥特曼，不可能打败生活中的所有"怪兽"，面对那些充满敌意的人，并非一定要击倒他们，换个角度，换种方法，也许他们并非真的"怪兽"，说不定你们还能成为朋友。

4. 化繁为简的生活态度

当你为一件事情的取舍犹豫不决时，就需要问问自己内心的目标到底是什么，除此之外，一律舍弃。在北大人看来，化繁为简的生活态度并不会让自己失去什么，反而只会提高效率，得到更多。

5. 不与别人做无意义的盲目攀比

我们可以把他人作为自己努力的目标，但也不能只看到别人拥有的，而看不到自己拥有的。北大人很少攀比，一是因为他们已经是很出色的一批人，二是因为他们清楚盲目攀比只会让情绪变得糟糕，倒不如把时间用来做一些有用的事情。

6. 不一味地向生活索取

有些欲望可以抑制甚至舍弃，有些争执可以让步，有些东西是可以选择放弃的。人们不快乐、不淡定的原因，是因为奢求太多，而忽视了自己内心真正的需要。苏东坡在历经人生变数后，领悟生活真正的味觉就是"淡"。

 处理心情，调整心态

好心态才能决定好的命运。很多时候，人的成功和失败并不是由客观因素决定的，而是和当事人的主观心态息息相关。研究表明，在愉快、积极的心境下从事活动的成功概率要远远大于那些在压抑的、痛苦的心情下的成功概率。所以，收拾一下你的心情，或许有意外的收获。

⊙ 不为昨天流泪

人生由3天组成，昨天、今天和明天。如果你在忙碌的今天为了昨天的失败或不幸而哭泣，那么你的今天就只剩下了泪水。试问，你的明天又将何去何从？

对于很多人来说，过去都无法释然。站在时间的长河中，如果不把注意力放在美好的今天和明天，而总是沉浸于往事中，是极不明智的做法。昨天依然和我们有关，但是希望是不可能从昨天产生的，生活的奇迹永远是今天的主题。每一天的太阳都是新的，不要对于昨天念念不忘，昨天无论是辉煌还是黑暗，都已经成为历史。作为已经翻过去的一页，我们何必要花费精力去自责、去悔恨呢？把握好今天，要为了明天而准备，而不是为了昨天而哭泣。

人生在世，不可能永远风平浪静。在现实的大海中航行，如果因为昨天的风暴而放弃今天的航线，恐怕那些人生的新大陆永远也不会被发现。成功人士亦是如此，翻阅那些伟人的传奇史，几乎每一个成长阶段都有一些伤口。爱迪生做过无数次试验才找到一种灯丝材料，邓小平三落三起最

终让中国走上了改革开放的道路，在这些曲折的道路上，他们都为了昨天动摇了吗？没有。所以，不要轻易地放弃，不要让自己陷入过去的沼泽。或许昨日诚可贵，但是今日价更高。

一位得道高僧休息前吩咐他的小弟子去给佛祖点上香火，这个粗手粗脚的小和尚不小心把香炉打翻了，香灰撒了一地，刚刚插好的香火也断了，差点燃着了整个祭堂。小和尚知道自己闯了大祸，偷偷地躲了起来。

第二日，高僧找不到小和尚，便亲自来到祭堂探究原因，得知了事情真相后，他稍微有些生气，但是很快就平息了下来。他派人去把躲藏起来的小和尚叫来。小和尚因为害怕，哭了一夜，眼睛肿肿的，心想这次肯定被重罚。高僧看了一眼小和尚："你耽误了今天的晨课，知道吗？"小和尚抬起头，很不解地望向高僧，然后低头主动认错："师傅，我错了。我昨晚打翻了香炉，你不生气吗？为何今日不责罚我，反而仅仅怪我耽误了晨课呢？"高僧语重心长地说："昨天你犯的错误，我是很生气，可是事情已经过去了，再来追究谁的责任已无益处。昨天香灰已洒，香火已断已经是无法挽回的事情了，唯一可以做的便是今天马上换上新的香灰，重新点上香火，再把今日的晨课补回来。如果因为昨天的失误，把今天的光阴也赔进去的话，那才是不可饶恕的。你明白了吗？"小和尚恍然大悟。

或许我们每一个人都经历过这个小和尚的角色，我们为了昨天的失误而哭泣，甚至放弃了今日应该做的主题，明日再为今日的放弃而哭泣，日日相仿，人生就这样丢失了它的意义。当昨天的事情我们已经无力改变，那么就应该勇敢地去面对它，把握好今天才是最有价值的行为。

在通往成功的道路上，或许荆棘丛生，或许障碍重重，可是所有的这一切都是可以战胜的，关键是你是否具备了战胜它们的决心。昨天的荆棘丛林已经走过，即使伤痕累累，也不能代表我们无法跨越这条路。勇敢地走下去，伤在昨天，活在今天，那么成功就在明天。

人的一生要经历过无数的风雨，无数的磕磕绊绊。看看我们小时候是如何学会走路的，我们一边学走，一边摔倒，我们没有因为摔倒了，就长哭不起，就拒绝走路。相反，儿时的勇气是巨大的，无论摔得多么疼，哭泣之后还是要走的，甚至第二天就把昨天摔跤的事情忘记了，或许这就是人坚强的本性。长大之后，这种本性是依然存在的，我们不能让软弱把它掩埋，要如同一个幼儿学走路那般勇敢。昨天的创伤已经结疤，让我们不要再把精力放在它身上了。不要为昨天的失败而流泪，但是要从昨天中吸取教训，避免今天成为第二个失败的昨天。

⊙ 微笑面对困境

人生有两种境况：顺境和困境。每一个人或许都能微笑地面对顺境，但是能够做到微笑面对困境的却少之又少。你或许会说：什么，我对困难微笑？这可能吗？困难如蛇蝎毒虫般恐惧，我哭恐怕都来不及呢。然而，越是有大成就、大作为的人，反而越是会坦然地面对困境。他们的经历告诉他们，磨难和困境才是帮助他们成功的动力。

巴尔扎克曾经这样说道："困境是珍贵的赐予，它是天才的晋身之阶，信徒的洗补之水，能人的无价之宝，同时也是弱者的无底之渊。"困境以其可怕的面貌出现，可是当你永远前进，勇于探索，揭开它的真面目以后，你会发现美好的风景原来藏在其中。

生活是一面镜子，你冲它微笑，它也冲你微笑；你冲它发怒，把它击碎，那么你也只会看到那个支离破碎的自己。而困境恰恰又是生活的一种形式，所以你也面对困境微笑，这个微笑不是没有意义的傻笑，而是对自己的一种鼓励，一种自信。只有敢于面对生活，敢于面对困境，才是命运的掌控者。

中国万向集团总裁鲁冠球，曾是世界著名财经杂志《福布斯》统计的中国内地富豪榜中排名第四的人。他是一个白手起家的企业家，更是一个不怕困难、艰苦创业的强者。从白手起家到如今的成就，这其间的困难或许不是你我所能想象得到的。鲁冠球因为这些困难怕了吗？止步了吗？没有。让我们共同来看看这个人生的掌控者是如何微笑地走过困境的。

鲁冠球15岁时便已辍学，当了一个打铁的小学徒，经过3年的学徒生活，鲁冠球对机械农具非常熟悉，也使他对机械设备产生了一种特殊的情感。

1969年，他大胆接管了宁围公社农机厂。事实上，当时的这个农机修配厂只是一个只有84平方米的破厂房，经济效益不好，眼看着就有支撑不下去的倾向。宁围公社农机修配厂以前生产的万向节产品仍然大量积压在库房中。由于没有销路，厂子已经有半年不能按时给职工发工资了。面对着刚接过手的难题，鲁冠球没有退缩，也没有愁眉苦脸。他积极地行动起来，仔细分析厂子的情况，对症下药。

另外，他总是面带笑容，不但给了自己鼓励，也把整个厂子的气氛带动起来，人人都觉得这笑容就是代表厂子有救了。鲁冠球组织30多名业务骨干，兵分几路，天南海北，到处探听汽车万向节的生产销售情况，周旋于各地汽车零配件公司之间，为产品找到了销路。

后来，他又将一个铁匠铺向汽车零部件生产的方向转变，一步一步地在困难中走出了光明。鲁冠球曾说："面对挫折和失望，我曾经独自徘徊在钱塘江畔。当时，看到那滚滚波涛，压在胸口的苦闷和失望一下子烟消云散，我对人生又充满了激情和希望。我不相信命运总是对我如此无情。而我承受苦闷和失望的心态，就是在记不清多少次的苦闷和失望中炼成的！"

当所有的人为了他今天的显赫成绩而羡慕不止时，又有几个人会想到，其实他也是从困境中一步一步走出来的。在30多年的成长历程中，他带领着企业历经了无数次的磨难，在这些困境的摸索中，他找到了正确的方向，创造了中国的跨国集团公司。

困境是上天赐予的礼物，你只有微笑地去接受它，打开它，弄明白它，你或许才能真正享受到上天的恩赐。很多人在遇到困难的时候，只会垂头丧气，以至于使自己深陷其中不能自拔。困境才是筛选人才的漏斗，勇敢地接受它，克服它，你或许才能避免被筛去的危险。看那些成功的人，哪一个不是拥有着强大的灵魂，敢于对生活微笑的人？

⊙ 相信明天更美好

无论过去发生了哪些故事，都已经成为历史的前页。我们应该以一颗坦然的心去回忆那些辉煌或者挫败，把更多的心思和希望放在未来才是智者的选择。相信明天会更好，就不要计较过去的得失和痛苦，放下过去，才能轻松地走在通往明天的路上。

相信明天更美好是一种积极的人生态度，有梦想才会有奇迹。梦想是现实之舟，放弃了梦想，就是放弃憧憬美好的未来。坚持未来是美好的，才能更有力量、更有动力地坚持走下去。

沈阳市五爱市场百艺商行总经理申宝莲女士就是因为她的梦想而为她的人生谱写了美丽的篇章。她在五爱市场大概有十几个年头了，想当年她也是由一个小小的摊位干起来的。万事开头难，即使在困难重重的初期，她依然满怀希望，相信一天比一天美好。事实也是如此的，从最开始的领结行业到后来的布衣行业，每一步都走得不易，但是每一步都走得比上一步更加坚实与美好。她连续荣获沈阳市个协先进工作者，辽宁省"光彩之星"的称号，这一切都是她用自己的汗水换来的。当采访她的成功秘诀时，这位商海的巾帼英雄谦虚地说道："做生意哪有什么秘籍可依，对我而言，我是五爱市场的女儿，我对它有信心，对于它明天的发展也有信心。既然选择了它，就要勇敢地走下去，自始至终我都相信，我的生意会不断地变大变强，虽然中间也有坎坷曲折，但是明天总会更好。"这就是一个成功女士的胸怀，我们不得不对这种信心和气魄表示敬重和佩服。

未来是美好的，充满希望的。如果你从过去的挫败中走不出来，甚至觉得明天也是无望的，那么你的生命就谈不上有任何价值了。试问，一个放弃未来的人，还有可能成功吗？即使你仍处于失败的痛苦中，但是不要忘记你还有明天的希望。人不能轻易放弃，梦想总是不可能轻易达到，有时候需要历经千种磨难方能成为现实。无数成功者以他们自身的例子告诫我们，要对未来充满信心，相信明天会更好，即使今天的路上充满了荆棘和沟壑，也无法阻挡强者的脚步。

如果你今天依然活在昨天的阴影中，那么请转过身来望向阳光，把阴影甩在身后。有阳光的地方就会有阴影，如果你因为这些阴影而忘记阳光的存在，这样就太愚蠢了。今天的失败是明天成功的母亲，如果爱迪生没有那样一种自信的坚持，恐怕世界光明不知道又往后拖延多少年。今天的坎坷不代表明天的路是否平坦，所以要做到潇洒地放下过去，愉快地迎接美好的未来。只要你还有明天，那么你就还有机会，请记住不要轻易放弃，美好的明天总是有奇迹发生，要忘记昨天，善待今天，坚信明天！

⊙ 想赢就不怕输

哈佛商学院挑选学员的一项条件是，学员要像一个"斯巴达的战士"那样勇敢无畏，勇于接受人生的挑战，在人生的洪流中奋勇搏击并取得成功。

从精英的角度分析，最重要的素质是顽强的忍耐力和高度的承受力。人生无坦途，在个人成长的道路上，挫折、打击、失败不可避免，没有顽强的忍耐各种恶劣环境和困难的能力，没有高度的承受各种打击和挫折的能力，成功就不可能到来。

一帆风顺当然最好，但挫折是一剂苦涩的良药，而且在前进过程中往往多次邂逅。既然挫折不可避免，那就必须正视它，并有效地利用它，消化吸收它的全部功效。

胜败乃兵家常事。在人生的征途上，从起点到终点，迎接我们的既有鲜花和阳光，也有荆棘和阴霾，如果我们因为害怕挫折、害怕失败而放弃尝试，那么永远也不可能成功。失败如同新鲜空气中夹杂的沙子，如果你

第二章　EQ情商：情商比智商更重要

因为害怕沙子而关掉窗户，那么你永远也得不到新鲜空气。想赢就不要怕输，输并不可耻；相反，倘若能正确地看待失败，并从中总结出经验和教训，才能离成功更进一步。

亚伯拉罕·林肯是美国第16任总统，也是世界历史中最伟大的人物之一。他的一生是不平凡的一生，从他的人生经历中我们可以深刻地体会到他的人生格言：要想成功就不怕失败。

1809年2月12日，林肯出生在肯塔基州哈丁县一个清贫的农民家庭中，为了谋生，年轻的林肯走上了从商的道路，不料22岁那年，他生意失败，损失惨重。于是1832年，林肯应征入伍，退伍后，当地居民推选热心公务活动的林肯为州议员候选人，但是他的初次竞选没有成功。于是他再次走入商业，可惜的是由于投资失败，他的生意再次以失败告终。不过这些都没有让年轻的林肯心灰意冷，他利用闲暇时间大量阅读历史和文学书籍，希望通过自我提高而有机会能够再次竞选州议员。皇天不负有心人，由于他对公众事业的热心，以及他精彩的政治演说，终于在1834年被选为州议员。

然而就在他的事业刚刚有所抬头的时候，他的情人去世，带给他巨大的伤痛。林肯在其27岁那年精神崩溃，不得不在家休养。29岁那年，林肯参加州议长竞选，由于准备不充分等原因，这次竞选失败。34岁那年，林肯参加国会议员的竞选，依然以失败告终。事隔3年，林肯再次参加国会议员竞选，3年前的失败给了他准备方向和竞选的经验，这一次他成功了。然而，在连任国会议员的大选中，林肯又惨遭失败。

共和党成立以后，林肯加入并在1856年参加了共和党的副总统候选人竞选，他坚持奴隶制应该废除，但必须通过和平的方式来废除。他的这次竞选虽然没有成功，但大大扩大了政治影响，为他将来的政治旅途铺平了道路。经过数年坎坷的探索，1860年林肯成为共和党的总统候选人，同年11月选举揭晓，林肯以200万票当选为美国第16任总统。遥想他之前的政治生涯，历经多少次失败，才有了后来的成功。可以这么说，是一种神秘的力量将林肯从小木屋推向了白宫，而这种神秘的力量就是不服输的精神。

革命家马克思曾高度地评价过林肯：林肯是一个"不会被困难所吓倒，不会被失败所挫败，不会被成功所迷惑的人。他不屈不挠地迈向自己的伟大目标，而从不轻举妄动，他稳步向前，而从不倒退。"

对于我们普通人也是如此，我们不应该害怕失败，失败并不是说明你不行，而是在你成功的道路上对你的锻造。哪一块金子不是通过千锤百炼才出炉的呢？人的一生，不是随随便便就能成功，谁不是经历了风雨才能见到彩虹的？事业的失败，婚姻的失败，学业的失败都算不了什么，这些或许都是为了你人生的成功而不得不经历的锻造。记住，无论在哪里输了，就要在哪里爬起来，继续前进。如果害怕失败而驻足，那么永远也看不到美好的终点。

失败并不可怕，可怕的是失败之后的一蹶不振。谁也不会盼望失败，毕竟是一件痛苦沮丧的事情，但是因为我们无法避免，所以我们只能勇敢接受。沉湎于过去的失败根本解决不了任何问题。如果林肯因为以前竞选失败从此不在涉足政治，恐怕美国历史上就缺少了一个如此优秀的总统，甚至连美国的历史也将重新谱写。所以，失败并不是没有一点好处的，起码从失败中我们可以吸取经验，从失败中我们可以改正缺点。失败是通往成功的天梯，虽然这个天梯难走又总是使我们受伤，可是我们别无选择。要想成功，必须承受得起失败的打击。失败是成功的前言，你需要有勇气把它读完，相信美丽的内容很快就会映入你的眼中。

⊙ 永远不对失败低头

拿破仑说，不想当将军的兵不是好兵。人生一世，就是一个不断追求卓越的过程。人往高处走，水往低处流，没有一颗好胜的心，如同逆水行舟，不进则退。

好胜之心首先源于对自己的信心，只有自信的人才有好胜的心气。在竞争激烈的当代社会，好胜早不是古语中所表达的贬义词；相反，没有好胜的心态，是不能赢得成功的。好胜既是一种对成功的渴望，又是对自我能力的肯定。有了这样的心态，才能激励自己在艰苦的环境中毅然地走下去，直至终点为止。

有了好胜之心，进而才能有坚持到底、誓不低头的决心。如果对于成功的渴望不那么强烈，当遇到困难的时候便很轻易动摇，半途而废，无果而终。只有对成功的极度渴望，才能燃烧起人类内在的力量，激发出你平时自己都发现不了的潜力，从而击败困难，到达胜利的彼岸。

对于好胜之心，我们来看一看苏宁电器的第二大股东——孙为民是如何诠释的。1981年，孙为民考入北京师范大学，学习在当时的"冷门"专业——心理学。1988年硕士毕业，在南京理工大学任教10年。一个偶然的机会，孙为民被介绍给当时国内最权威的空调媒体做顾问，由此开始和空调业结缘。也是在此期间，孙为民认识了苏宁电器董事长张近东。在担任一段时间苏宁企业顾问后，1998年，孙为民接受张近东邀请，成为苏宁家电集团的总经理助理。经过数年的奋战，2004年6月，孙为民出任苏宁电器连锁集团总裁。在张近东和孙为民的联合下，终于将苏宁电器送上深交所中小企业板挂牌交易。

每当提起苏宁的发展路程和市场劲敌时，孙为民都会肯定地说，苏宁和国美永远是天敌，竞争将是永远的。如果苏宁没有好战好胜的精神状态，恐怕有一天也会步入一些电器企业的后尘，走上被合并的道路。

在答记者问的时候，孙为民强调：成功首先要有野心和抱负。他是这么说的："一个人要取得成功，首先要有野心和抱负，是不是想做事情，有没有想法；其次要做，必须实实在在地去做，且需要坚持和调整。真理是做出来的，不是想出来的，也不是等出来的。事情在实践过程中，就会发生变化并出现新的机会，当然机遇也很重要，这对成功也很关键。"

好胜之心是一个成功必备的心态，然而这个心态要有一个理性的前提。疯狂的、不切实际的好胜之心，是不健康的，容易使人走火入魔。孙为民坚持好胜是"必需"的，然而理性、健康、切合实际的求胜更是"必须"的。当记者提到很多企业以"大搞合并"为求胜手段时，孙为民是这样解释的：在中国的家电行业中，虽然很多企业通过合并，在规模上达到500强的水平，然而企业经营质量却远远不够。追求500强水平固然没有错误，然而，如果这种好胜建立在不真实的能力评估基础上，很容易因为根基不稳而倒塌。苏宁不谈并购，并不是说苏宁的野心不大，求胜心不强，而是苏宁的发展和好胜一直建立在一个理性的基础上。企业的发展不能仅仅建立在数量扩充的基础上，个人发展也是如此。不理性思考，盲目求胜，只会赔了夫人又折兵。

所以说，好胜心是不能缺少的，建立在真实、客观基础上的好胜心尤其重要。求胜是个人或集体上进的表现。没有上进心，不求进取，只能如逆流中的小船，打翻在激烈的浪潮中。拥有好胜的心态、理性的野心是成功的第一步。因为理性的野心不但给你树立了奋斗的理想，更给你提供实现理想的动力和誓不放弃的决心。如果你现在还没有求胜之心，那么赶紧行动起来吧，分析一下自己的实力，为自己找一个展现自我的机会吧。

⊙ 希望之心不灭

对未来充满希望，人生才有前进的动力。所以说，成功的人都怀有一颗希望之心，他们对未来充满希望，坚信明天更加美好，所以他们才能有勇气、有动力不断前进。

理想是人生的奋斗目标，是人类对于未来的一种有可能实现的想象。有了理想，人类才可以按照它的方向去努力；有了理想，人类才能在艰苦的探索环境下坚持下来。当然，理想不是无根无据的幻想，它必须建立在真实的、客观的个人条件基础上，否则就是无道理的空想，是没有现实意义的。

有了希望的心，有了理想的路，前途才更加明确。不要在没有思考、没有分析前就消极地把事情打上不可能实现的标签。事实上，你要鼓励自己"你能行"，有希望才能有动力，你才会在探索的过程中无所不利，勇往直前。

沙特阿拉伯王国有一位蜚声国际石油市场的传奇人物，他就是大名鼎鼎的石油矿业大亨谢赫·艾哈迈德·扎基·亚马尼。亚马尼蓄着八字胡，衣着讲究，风度翩翩。他在任何场合都显得开朗，而且举止得体。亚马尼1930年生于麦加附近一个平民家庭，父亲是名法官，又是位伊斯兰学者。1949年亚马尼毕业于开罗大学，获法律学士学位。像许多沙特阿拉伯富家子弟一样，亚马尼大学毕业后再赴美国留学，先就读于纽约大学，后又进哈佛大学深造。

青年的亚马尼更加认识到知识的重要，他认为一个人如果没有丰富广博的知识，在这个世界上就没有立足之地。第二次世界大战结束不久，他就前往埃及的开罗攻读伊斯兰法规和民事诉讼法。他与同学磋商，与博学的老师共同研究课题，走遍了各大图书馆和阅览室，然后整理出一份份宝贵的材料。法律知识的学习使他的思维更加敏捷、逻辑性更强。他掌握了谈判时语言的严密与技巧，好多校友都领教过他巧言善辩、目光犀利的出色表现，21岁时他顺利通过考试，获法学学士学位，被人称作沙特的"才子"。尔后返回沙特阿拉伯，在总部设在麦加的财政部供职。那时的他就充分认识到，除非能获取西方的专门知识，否则阿拉伯世界是无力与西方抗衡的。

放眼看世界，放眼看西方。亚马尼的注意力被西方国家吸引了。他要使阿拉伯世界与西方抗衡，他要让祖国的人民过上幸福生活，就要获取西方的专门知识，那么他只有再一次走出去，这一次是到美国。20世纪50年代初，他由政府保送到美国纽约大学、哈佛大学攻读法律。亚马尼特别珍惜这次难得的机会，他夜以继日、废寝忘食，他说他这样做的原因只有一个，那就是他在少年时代就立下的志向：改变贫穷落后的面貌。在美学习时，他还利用暑假到哥伦比亚去研读精神病学。当时的学习使他掌握了谈判时人们心理活动的实际知识，给他后来与外国石油商的谈判带来了有利条件。他运筹帷幄，挥洒自如，令每一位与他交锋的对手都暗自叹服。亚马尼越来越显示出其独特的、杰出的一面，并且成为了沙特少有的专业型人才。

亚马尼的成才，是源于他从小立下的志向以及他刻苦学习、努力工作的进取精神。

在亚马尼的少年时期，沙特阿拉伯一贫如洗，百废待兴，还要遭受西方国家的层层盘剥与压榨，对这个过去曾经不幸过的国度来说无疑是雪上加霜。

面对破败景象的亚马尼心急如焚，忧心忡忡，如何摆脱贫困，走上幸福的康庄大道，成了年幼的他日思夜想的问题。要奋斗，要抗争，要进取，要靠自己的双手建设自己的家园，要实现自己的人生价值，为国家为人民做出一份应有的贡献，成了亚马尼不泯的信念。

成年的亚马尼实现了这个愿望，并证实了这样一个道理：他走上政治道路，充分发挥自己的领导才能，并取得巨大成功，少年时代树立起来的坚定不移的进取心是他获得成功的至关重要的第一步。

富有进取心，充满希望是达到目的的第一步。一个人如果不先有希望，那么他绝对不会计划去完成任何事情，最后必然是一事无成。领导永远是付诸行动的人，他基于获胜的坚强意志，有选择而行动，而不是基于需要，不得不行动。

亚马尼就是这样一位既有进取心而又积极付诸行动去实现自己抱负的人。他认为，生活就是活力，就是精、气、神，就是精力和振奋，人生最主要的责任就是主宰人生。虽然人生有许多的痛苦和困境，只要内心充满希望和奋斗的活力，世界也会以积极乐观的成果来回报你。亚马尼成功了，是他一生中永远伴随着的进取精神、永不满足的信念支持着他。由少年时代到迈进哈佛大学的校门，再到走向社会，步入政坛，并最终获胜，贯穿亚马尼一生的就是积极的进取心和不屈不挠的坚强意志。

第二章 EQ情商：情商比智商更重要

歌德说："不苟且地坚持下去，严厉地驱策自己继续下去。就是我们之中最微小的人这样去做，也很少不会达到目标。因为坚持的无声力量会随着时间增长到没有人能抗拒的程度。"这就是说，富有进取心，继续努力，一切都没有问题。

轻易放弃，就是失败的预言，只要你决定怎么办，就决定了你的未来前途。想要获得什么，以及想要采取某种行动的这种火热的欲望，是成功者起飞必需的起点。冷漠、懒惰或缺乏进取心，是不能产生梦想的。

记住，所有在生活上、事业上获得成功的人，一开始会有不顺利，正如少年时期的亚马尼，虽有满腔的热情，一片拳拳报国之心，而客观现实却为他实现自己的愿望制造了层层的阻力。成功者开始并不顺利，要经历很多令人伤心的挣扎与奋斗，然后才能成功。成功人士生活中的转折点，通常出现在危机来临的时刻。

看了奥巴马的成长经历，你会简直不敢相信一个"草根"中的"草根"能通过自己的不懈努力，变身成这样一个领袖。他让自己走向了世界上最强大国家的总统宝座，不仅拥有帝王般的权力，他的一举一动还牵动着全世界的神经。

当奥巴马不足3岁的时候，父母就结束了他们短暂的婚姻。而父母的多次婚姻给奥巴马带来了6个同父异母或同母异父的兄弟姐妹。6岁的时候，奥巴马又随母亲落户雅加达，在热浪滚滚的东南亚度过了4年快乐童年之后，10岁的奥巴马又回到美国，与外祖父母共同生活，在恣意放纵中度过了少年时代。

奥巴马在自传中写道："我在十几岁的时候是个瘾君子。当时，我与任何一个绝望的黑人青年一样，不知道生命的意义何在。烟酒、大麻……我希望这些东西能够驱散困扰我的那些问题，把那些过于锋利的记忆磨到模糊。我发现我了解两个世界，却不属于其中任何一个。""我过了一段荒唐的日子，做了很多愚蠢的事。……中学时候的我是每一个老师的噩梦，没人知道该拿我怎么办。"

然而，这种如影随形的自卑在导致沉沦的同时，也完全可能令人迸发出惊人的斗志，从而通过奋斗和成功来证明自己。肤色自卑导致奥巴马产生了强烈的成功欲望，并促使他后来从博士、教授到州议员、国会议员一路走来，最终成为了美国历史上首位黑人总统。

这种成就背后所付出的努力是艰苦卓绝的，支撑这种努力的强大精神是令人钦佩的，也是令人着迷的。

近几年来，由于抑郁症而放弃生命的案例已经屡见不鲜。很多高层知识分子甚至包括一些事业有成的人都选择轻生来结束自己珍贵的生命。在一封博士的遗书中，他曾多次提到由于时常感到生命没有意义，丝毫寻找不到任何希望之光而选择离开。心理学家分析：抑郁症大多来自对生命的失望，患者由于心中缺少对未来的希望而容易选择轻生，除了药物治疗外，最关键的是个人要主动地调节自己的心态，无论遇到什么挫折都要对自己的人生充满希望。

对于我们每一个人而言，希望之心都是必不可少的。失败的人具有了希望之心，才可以百折不挠；成功的人具有了希望之心，才可以不骄不躁，继续进步。希望对于任何人都是必备的，人生若没有希望，就成了一片死海。大多数失败平庸者并不是他们的能力有问题，而恰恰在于他们的心态。没有希望之灯的人生，就像一个在黑暗中航行的小船，很容易因为害怕风浪而搁浅。

⊙ 情绪掌控术　培养成功心态的20条经验

你必须培养成功者的心态，以使你的生命按照自己的意图提供报酬，没有成功的心态就无法成就大事。你的心态是你唯一能完全掌握的东西，练习控制你的心态，并且利用成功心态来引导你的行为，坚持下去，你的奋斗就一定能够成功。

下面这些培养成功心态的方法，是成功人士的经验总结。

（1）切断和你过去失败经验的所有关系，消除你脑海中的那些与成功心态背道而驰的所有不良因素。

（2）找出你一生中最希望得到的东西，并着手去得到它，借助他人得到同样好处的方法，去追寻你的目标。

（3）培养每天说或做一些使他人感到舒服的话或事，你可以利用电话、明信片，或一些简单的善意动作练习成功的心态。例如给他人一本励志的书，就是为他带来一些可以使他的生命充满奇迹的东西。日行一善，可望永远保持无忧无虑的心情。

（4）打倒一个人的不是挫折，而是一个人面对挫折时所持的心态。这要求我们训练自己在每一次不如意中都能发现与挫折等值的成功一面。

（5）务必使自己养成精益求精的习惯，并以你的爱心和热情发挥你的这种习惯，如果能使这种习惯变成一种嗜好，那就是最好不过的了。如果不能，懒散的心态很快就会变成消极心态。

（6）和曾经冒犯过的人联络，并向他致上最诚挚的歉意。这项任务愈困难，就愈能在完成道歉时，摆脱掉内心的消极心态。

（7）改掉坏习惯，连续1个月每天减少一项恶习，并在1周结束时反省一下成果。如果需要顾问或帮助，切勿让你的自尊心使你却步。

（8）放弃想要控制别人的念头，在这个念头摧毁你之前摧毁它，把你的精力转而用来控制你自己。

（9）使自己多多活动以保持自己的健康状态。生理上的疾病很容易造成心理的失调，身体和思想一样保持活力，就可以维持成功的行动。

（10）增加自己的耐性，并以开阔的心胸包容所有事物。同时也应与不同种族和信仰的人多多接触，学习接受他人的本性，而不要一味地要求他人照着你的意思行事。

（11）你应当承认，"爱"是你生理和心理疾病的最佳药物，爱会改变并且调适你体内的化学元素，促使它们有助于你表现成功的心态，扩展你的包容力。接受爱的最好方法就是付出你自己的爱。

（12）参考别的例子提醒自己，任何不利情况都是可以克服的。虽然爱迪生只接受过3个月的正规教育，但他却是最伟大的发明家。虽然海伦·凯勒失去了视觉、听觉和说话能力，但她却鼓舞了数万人。明确目标的力量必然胜过任何限制。

（13）对于善意的批评采取接受的态度，而不能有消极的反应。我们应该接受他人如何看待你，利用这一机会做一番反省，并找出改善的地方。别害怕批评，勇敢地面对它。

（14）避免任何具有负面意义的说话形态，尤其根除吹毛求疵、闲言碎语或中伤他人名誉的行为，这些行为会使你的心态朝着消极的方向发展。

（15）随时随地都表现出真诚的一面，没有人相信骗子的。

（16）相信无穷智慧的存在，它会使你产生为成功而奋斗所需要的所有力量。

（17）信任和你共事的人，并承认如果和你共事的人不值得你信任，就表示选错人了。

（18）以相同或更多的价值回报给过你帮助的人。"报酬增加率"最后还会给你带来成倍的好处，而且可能会为你带来所有你应得到的东西的能力。

（19）把你的全部思想都用来做你想做的事，而不要留半点思维空间给那些胡思乱想的念头。

（20）彻底"盘点"一次你的财产，你会发现最有价值的财产就是健全的思想，有了它，你就可以决定自己的命运。

 发展人脉，扩大交际圈

美国成功学大师卡耐基经过长期研究得出结论说："专业知识在一个人成功中的作用只占15%，而其余的85%则取决于人际关系。"无论你从事什么职业，学会处理人际关系，你就在成功路上走了85%的路程，在个人幸福的路上走了99%的路程了。

美国石油大王约翰·D·洛克菲勒说："我愿意付出比天底下得到其他本领更大的代价来获取与人相处的本领。"

⊙ 好人脉让你与倒霉绝缘

主人们在倒霉时，总是感叹时运不济，天意弄人；或是感叹空有一身才学却无人赏识；或是在危急时刻被小人落井下石，叫天天不应、叫地地不灵。然而，人事关系上的障碍，或许才是造成这些倒霉因素的一个诱因。

古往今来，怀才不遇的人很多，但那些左右逢源、人际关系过硬的人，很少会没有出路，他们会是成功人士中的一员。这是因为他们懂得为人处世的技巧，能为自己塑造一个良好的人脉环境。

李婧是个名牌大学的毕业生。大学毕业以后，她应聘进了一家跨国公司做文员。刚进公司的时候，她可谓志得意满，信心爆棚，在公司里埋头苦干了整整1年后，李婧满以为能够得到公司高层的认可，顺利升迁。但出乎她意料的是，公司的高管似乎并没有提拔她的意思，反而提拔了和她同处在一个办公室的女孩张莹。李婧的心里非常郁闷，张莹的工作能力虽然

不错，但跟自己比起来还够不上一个档次，她凭什么升职？问题究竟出在哪里呢？

李婧找到了大学时代的师哥，向他倾诉自己的苦恼。师哥来到了李婧的公司做客，和李婧的同事、上司进行了初步的接触。这位师哥还通过自己的关系侧面了解了大家对李婧的真实评价，这才找出答案：李婧的专业太优秀了，优秀使她过度自信，自信的她自己都看不出自己在人缘上存在的缺陷了！

平常的时候，李婧工作热情很高，但对待同事和上司的态度却很冷，同事们背地里都叫她冷美人。这直接导致了办公室气氛的不和谐，大家虽然平常都客客气气的，但心里对李婧都带着一种戒备。大家这种情绪，自然就会影响到领导对李婧个人能力的判断。你想，一个连身边人都团结不起来的人，怎么能够委以重任呢？

根结找到了，师哥建议李靖先改变自己的态度，遇事多跟他人商议，学会委婉地表达自己的真实意思，让大家愉快地认可她的意见。同时，注意在适当的时候表现自己的能力，尤其是在工作繁忙的时候，要显出自己的果断和利落。

最后，师哥建议李婧做一张图，最上方写上对自己升职握有决定权的人的名字，下面一字排开，写出可能对这位主管产生影响的人的名字，每个人名字下面注明自己可以帮助对方做什么，对方可以给自己什么样的帮助。然后，按照这张图指示的内容去做，看一看会有什么样的效果。

半年以后，师哥接到了李婧的电话：经过办公室同事和部门主管的一致推荐，她现在已经担任经理助理了，不仅提了薪，更重要的是，她的才华有了更为广阔的施展空间。

李婧的经历告诉我们，在社会工作中，光有优秀的专业知识是很难取得成功的。个人能力突出，工作业绩显著，却不断倒霉的人也大有人在。这些人显然没有认识到：人脉有时候比专业知识更重要。因此，如果你不想一辈子都走霉运，除了提高专业知识素养之外，别忘了还有人脉这把走向成功的金钥匙。

⊙ 别成为有才华的"穷人"

世界上都不缺乏有才华的"穷人",他们才高八斗、学富五车,甚至有着上天入地的本领,但最后却落了个穷困潦倒、一事无成的下场。而许多才能看似平平无奇的人,却最终能够大富大贵。

有才华的"穷人"往往是特立独行,谈吐之中不乏博学知识。尽管他们人生的进程已到了其生存都有危机之际,但在他们不经意的言谈中,始终不会给如柳传志、任正非、张朝阳们送以尊敬的口吻。对那些人生的成功者,他们的结论却常常也令人困惑的都是同一个:"老子运气不如他们而已!"

运气?

与其说是埋怨,倒不如说是托词。或者,他们还没有认清楚沦落到这种境地的真正原因。

究其原因,就在于"人脉"二字。在某种程度上说,是否懂得利用人脉,决定一个人的一生是飞黄腾达,还是穷困潦倒!

在外闯荡打天下的人,一定要懂得人脉的重要性。一旦积累起了良好的人脉圈,即使他的才力有限,水平一般,依然能够通过人脉资源得到弥补。如果在人脉的环节上毫无建树,你的才华无人赏识、无用武之地,它又有什么用呢?

中国古代的学子,无一不是饱读诗书,满腹经纶,然而终有成就者却寥寥无几,原因之一便在于缺乏人脉。

三国时期的庞统,早年以"凤雏"之名与诸葛亮齐名于荆州。而早年间,他一样不得志,一直四处拜谒,以求受到重用。赤壁大战后,庞统来投靠孙权。

但是,由于庞统为人倨傲,小看周瑜,惹得孙权很不高兴,发誓不用他。鲁肃推荐他去刘备那边，庞统听取了建议，就来投靠刘备。刚开始仍未得重用，不过以"从事守耒阳令，在县不治，免官"。其后经诸葛亮、鲁肃极力推荐，刘备方才再度召见庞统，与之谈论军国大事，大为器重，于是拜庞统为治中从事，不久又与诸葛亮同为军师中郎将。纵然庞统本身具有非凡才华，但是如果没有诸葛亮和鲁肃举贤荐能的宽广胸襟，恐怕也会成为一个"有才华的穷人"。

汉武帝时的名臣朱买臣，家中十分贫困，只靠卖薪度日，但他十分好学。他的妻子忍受不了这种穷困的日子，觉得很羞耻，于是就另嫁他人。过了几年，朱买臣跟随上报账本的官员押送行李车到长安。到皇宫上送奏折久未回答，在公车署里等待皇帝的诏令，粮食也用完了，上计吏的兵卒轮流送给他吃的东西。正赶上他的同县人严助受皇帝宠幸，严助向皇帝推荐了朱买臣。召见之后，被授予会稽太守，开始受到重用。如果没有严助大公无私的推荐，朱买臣空有一生才学，又有什么用呢？

人的富贵、发达皆离不开人脉，穷困潦倒也与人脉密切相关。不做有才华的"穷人"，首先要转变的一点就是扩大自己的人脉圈。每一位成功之士在对人谆谆教诲的时候，必定提到的一点就是要重视对人脉的投资；而一些人之所以一辈子都跳不出穷人的怪圈，是因为他们从来不懂得积累人脉。如果你想脱离穷人变成富人，那么就要有意识地去编织自己的人脉圈，并不断地丰富和发展它。人脉虽不是直接的财富，但它是一种潜在的无形资产，一种潜在的财富。没有它，你将一事无成。

⊙ 及早搭建你的人脉圈

人脉圈对一个人事业的成败及工作的好坏具有极大的影响，所以说成功在很大程度上取决于你拥有多大的权力和影响力，与合适的人建立稳固关系对此至关重要。

成功搭建人脉圈的关键是选择合适的人建立稳固的关系。

第二章　EQ情商：情商比智商更重要

　　良好的人际关系能开拓你的视野，让你随时了解周围发生的事情，并提高你倾听和交流的能力。

　　建立人脉圈的前提，不是"别人能为我做什么"，而是"我能为别人做什么"。在回答对方的问题时，不妨补上一句："我能为你做些什么？"

　　保持联系是建立成功人脉圈的另一重要条件。当《纽约时报》的记者问美国前总统克林顿，是如何保持自己的政治关系网时，他回答说："每天晚上睡觉前，我会在一张卡片上列出我当天联系过的每一个人，注明重要细节、时间、会晤地点以及与此相关的一些信息，然后输入秘书为我建立的关系网数据库中。这些年来朋友们帮了我不少忙。"

　　要与你的人脉圈中的每个人保持密切的关系，最好的方式就是创造性地运用你的日程表，记下那些对他们来说至关重要的日子，比如生日或周年庆祝等。在这些特别的日子里准时和他们通话，哪怕只是给他们寄张贺卡，他们也会高兴万分，因为他们知道你心中想着他们。

　　观察他们在组织中的变化也不容忽视。当你的人脉圈成员升迁或调到其他的组织去时，你应该衷心地祝贺他们。同时，也把你个人的情况透露给对方。去度假之前，打电话问问他们有什么需要。

　　当他们处于人生低谷时，打电话给他们。不论你的人脉圈中谁遇到了麻烦，你都要立即打电话安慰他，并主动提供帮助。这是你支持对方的最好方式。

　　充分地利用你的商务旅行。如果你旅行的地点正好离你的人脉圈中的某位关系成员挺近，你可以与他共进午餐或晚餐。

　　只要是你人脉圈中成员的邀请，不论是升职派对，还是他女儿的婚礼，你都要去露露面。

　　至少每3个月调整一下你的关系网。要多问问自己："为什么要保留这个关系？"如果你不定期更新或增加新人，你的关系网络就会老化，其威力会大大减弱。

时刻关注对网络成员有用的信息。应定期将你收到的信息与他们分享，这是很关键的。

在一个优秀的人脉圈中，关系网络是双向的。如果你仅仅是个接受者，无论什么网络都会疏远你。搭建人际关系网时，要做得好像你的职业生涯和个人生活都离不开它似的，因为事实上的确如此。

⊙ 多个朋友多条路

俗话说，多个朋友多条路。不管你高高在上还是沉居下僚，不管你为公还是为私，做大事还是做小事，朋友多了路自然好走些。但是没有几个人是天生的领袖，不用付出就可以振臂一呼、应者云集。人气需要你平时一点一滴地付出。要知道喜欢别人，又能让别人喜欢的人，才是世界上最成功的人。

成功的人大多喜欢广泛交际，形成了自己的一张"友谊网"。比如，你要某人推荐几个供你拜访的朋友，如果这个人是个失败的人，他只能好不容易为你提供一两个人，而且好不容易才找到这一两个人的地址和电话。成功的人就不同了，他们会推荐出一大堆朋友，而且是在长长的名单上寻找，因为名单上包括各式各样的朋友。由此显示出成功者与失败者在交友方面的差别。

成功的人大多是有朋友圈的人。这种圈子由各种不同的朋友组成，有过去的知己，有近交的新朋，有男的，有女的，有前辈，有同辈或晚辈，有地位高的，有地位低的，有不同行业的，有不同特长的，也有不同地方的……这样的朋友圈，才是一张比较全面的网络，也就是说，在你的朋友圈中，应该有各式各样的朋友，他们能够从不同的角度为你提供不同的帮助。

朋友圈既然称作是"圈"，就应当具有圈的特点。也就是说，在这个圈中朋友的构成有点有面，分布均匀。不懂交际之道的人交友却不是这样，他们结交的范围十分狭窄，分布十分不均。只在自己熟悉的范围内认识一些人，而这些人的行业和特长比较单一。这样就构不成一个标准的朋友圈了。

在我国由于传统的知识分子受"清高"的影响，喜欢闭门谢客，喜欢孤军奋战，特别是官场上的事情喜欢"两耳不闻窗外事"，对政界的人物更是不愿去与之交际。这样的传统和习惯是十分不利的。从成功学的角度来分析，它对聪明人的成功更为不利。

广泛与人交往是机遇的源泉。交往越广泛，遇到机遇的概率就越高。有许多机遇就是在与朋友的交往中出现的，有时甚至是在漫不经心的时候，朋友的一句话、朋友的帮助、朋友的关心等都可能化作难得的机遇。在很多情况下，就是靠朋友的推荐、朋友提供的信息和其他人多方面的帮助，人们才获得了难得的机遇。

一家单位新来一位主要领导，需要配备秘书，在多人跃跃欲试、趋之若鹜的情况下，小许被选中了。原因就在于是这位领导委托自己的一个下级小汪为自己物色秘书，而小汪和小许是同学加好朋友。小汪自然清楚，小许肯定能胜任秘书职位，于是就把这个同学推荐出来了。

结果，领导本人满意，组织考察合格，正在为前程茫然奔波的小许更是欣喜若狂，因为他找到了自己适合的位置，在当时情况下当上领导的秘书，是他的心愿，也是他将成功的一个里程碑。这个里程碑的获得，关键因素是他有那么一个得到领导信任的同学。

也许他想不到这个朋友会对他的成功起到至关重要的作用，也许他们之间彼此进行交往的时候，没想到这种交往决定了日后一个人的巨大成功，没想到这种交往就是一个人成功的机遇。因此，从这个意义上说，交往广泛，机遇就多。

聪明人不应当过于急功近利，有许多机遇是在交往中实现的，而在初步交往中，人们很可能没有看到这种机遇，在这个时候，不要因为没有看到交往的价值，就冷漠这种交往。

你的"朋友圈"远比你意识到的要广大。你实际拥有的圈子延伸到了你每天都有联系的人之外，更多的联系包括你与之共同工作和曾经一同工作过的人们，以前的同学和校友，朋友，你整个大家庭的成员，你遇到过的孩子的父母，你参加研讨会或其他会议时遇到的人，这些人都会是你的圈中成员。你的圈中成员还包括那些你在圈子中认识的人，以及与他们有联系的人。

有句美国谚语说得好：每个人距总统只有6个人的距离。你认识一些人，他们又认识一些人，而他们又认识另外的一些人……这种连锁反应一直延续到总统的椭圆形办公室。而且，如果你仅仅距总统6个人的距离，那么你距你想会见的任何人也就只有6个人的距离，不管他是一家公司的总经理还是你想让其加入你的团队支持你的名人。

⊙ 再没钱也要站在富人堆里

世界营销大师博恩·崔西说："很少有人能单凭一己之力，迅速名利双收；大多数成功的骑师，通常都是因为他们骑的是最好的马。"

成为富人的方法和经验很多，有些是能写到书上的，还有更多是无法写到书上去的，要学习那些无法写到书上的真经，就必须想法跟富人在一起，这样才能真正学到他们的思维方式和经验。

成就富人最重要的秘诀是"环境"，我国古代有"孟母三迁"，孟子的母亲为了孟子有良好的学习环境，搬了三次家；如果比尔·盖茨出生在非洲，连电脑都没见过，就算他有230的智商，也不可能成为电脑王国的领袖，不可能成为世界首富。

百万富翁和百万富翁在一起，千万富翁和千万富翁在一起，亿万富翁和亿万富翁在一起；成功吸引成功，失败吸引失败。

富人和富人在一起，穷人和穷人在一起；成功者与成功者在一起，失败者跟失败者在一起。这是为什么？因为他们都用相同的方式思维。盲人乞丐们在一起讨论的是如何用手就摸出别人给的是1元纸币还是2元纸币；炒股失败的人们经常在一起讨论的是市场多么的不好，庄家是多么的坏，庄家在信息、分析工具上多么有优势，但是他们从来没有认真学习富人致富的经验方法，仿效他们成就财富的秘诀。

股市操盘手曹明成谈到他的"富裕规则"时说：宁可跟聪明人打架，也不跟糊涂人交友。因为让他人获得了新知，同时也会让自己产生共鸣，有形、无形的交流，激发了灵感。在你亮出自己的观点的同时，也会通过各种形式获得反馈，在信息的交流中会使人获得更大的发展。

日本首富系山英太郎之所以能够成功，原因之一就是他自己有一套"利益至上交友法"。

系山英太郎曾两度在全日本经营者研习会上，直言不讳地表示："别和穷人交往。"

穷人有两种：一种是指"没有钱的人"，可是这种人有思想，有能力，可能是"虎落平原"，暂时"英雄无用武之地"。这种人是"人穷志不短"，跟这种人交往，你应该独具慧眼，在英雄落难的时候帮他一把，他可能会成为你的知己，将来还可能会成为你的救星。另一种穷人是"不仅没有钱，也没有思想和能力"。这种人是绝对的"人穷志短，马瘦毛长"。如果经常跟这样的人交往，你的一切付出都不会得到回报。如果你想成功，就必须远离这种人，不能在他们身上浪费1分钱、1分钟。

在这个世界上，有些人喜欢身边围绕着没钱的人，享受他们的阿谀奉承。但是穷人只是向钱低头而已，而不是向你低头。不论你曾经给他们多少好处，当你没钱时，这些人就会忘记你曾经施予他的恩惠，两脚开溜。

人际关系本来就是施与受的关系，如果只有施，当然只有损失而不会有所收获。和人穷志短的人交往，不但对自己的成功毫无帮助，还会阻碍你前进的步伐，最终使你一事无成。因此，如果你的身边没有富人，如果你的朋友中没有富人，那么你就应该改换环境，就应该换朋友了。

身边有富人，你就要学习效仿他们，复制他们成功的模式，根据自身的特点，选择适合的方式行动，才能快速成为富人，至少能够缩短你成功的时间。

要成功就一定要接近成功者。就像台湾成功大师陈安之所说，一个人要成功，有几个方法：第一个，他必须帮助成功者工作；第二个，当开始成功的时候，要跟更成功的人合作；第三个，越来越成功的时候，要找成功者为自己工作。

拿破仑·希尔在成功之前，曾利用20年的时间帮助钢铁大王卡内基工作，这期间他一分钱的报酬也不要，但在帮助卡内基的同时，他也不断地提升自己——他本人在成功学研究上获得了巨大的成功。陈安之在成功之前，也长期在美国帮助世界成功学大师安东尼工作，在帮助安东尼的同时，他也掌握了成功学的真谛，最后终于获得巨大的成功。

⊙ 情绪掌控术　走进人脉 E 时代

人类已经进入了一个信息爆炸、自媒体时代。随着人们工作的日益繁忙和通信工具的日益发达，除了传统的电话、手机等通信工具外，一些网络上的通信工具已经成为人与人之间交流不可缺少的事物。

新的通信工具的应用非常方便和快捷。如果能够善加利用，对维护和时时刷新你的人脉圈有很大的好处。

1. E-mail

到今天，电子邮件已经成为人们最常用的人际沟通手段，数量已经超过了电话、传统信件和传真。通过网络的电子邮件系统，用户可以用非常低廉的价格，以非常快速的方式（几秒钟之内可以发送到世界上任何你指定的目的地），与世界上任何一个角落的网络用户联系，这些电子邮件可以是文字、图像、声音等各种方式。同时，用户可以得到大量免费的新闻、专题邮件，并实现轻松的信息搜索。

利用电子邮件来管理你的人脉，需要对用户进行详细的区分，建立诸如同学、朋友等分类组群，记录尽量详细；同时，发送邮件时要做到尽量简洁，内容做得尽量有价值。

2. QQ

1999年，腾讯正式推出第一个即时通信软件——"腾讯QQ"，QQ在线用户由1999年的2人到现在已经发展到上亿了，是目前使用最广泛的聊天软件之一。

QQ工具具有方便、经济、快捷的特点，深受人们的喜爱。很多人上网的第一件事就是打开QQ，可见其影响是多么深入人心。

通过QQ聊天，不用花费太多的时间和精力，大家就可以聚在一起。尤其是现在，个人电脑已经相当普及的情况下，QQ的方便、快捷的特点更是一览无余。在QQ上和老朋友叙旧、结识新朋友是很多人的兴趣爱好。

在QQ的天地里也可以打造出一个个的圈，将同学、客户、陌生人等进行分类管理。在网上圈子的活动中，也可以不断地刷新你的人脉圈。

3. 校友录

校友录名为"校友录"或者"同学录"，其实不只是局限于同学这个圈子，朋友、同学、同事、老师与亲人等都可以。

校友录其实就是一个论坛，区别在于论坛里的用户来自五湖四海，而校友录却是以一个个班级为单位，大家彼此相识，在一起畅所欲言、交流感情。

李磊看到校友录中的众多好友的状态，感觉自己连一篇日志都没有写过，让100多名访客失望，似乎太不像话了。于是就把上一篇博客《抵美一月散记》粘了过去。去上了一节课，回到办公室，一看电脑，结果让李磊吃了一惊：就这1小时，很多好友已经看了这篇文章，还有些原以为会老死不相往来的中、小学同学给留了言。

李磊想：自己也正处在易于接受新事物的年龄段，怎么过去对这些东西就不闻不问一下呢？别的同学天天在校友录上逛，相互的活动情况了如指掌，而自己却像是从人间蒸发了。于是即刻做出决定：从此之后至少每周上一次校友录，每月更新一次动态。

校友录不仅仅承载了过去美好的青春记忆，也会成为美好未来的导引。多逛逛校友录，你才能充分地利用校友录中珍贵的人脉资源，让其转化为你成功的动力。

4. 微博

微博即"微型博客（micro-bloging）"，是一种非正式的迷你型博客，其最大的特点就是集成化和开放化。你可以通过你的手机和外部API接口等途径向你的微博客发布消息。

微博对用户的技术要求门槛很低，而且在语言的编排组织上，只需要反映自己的心情，不需要长篇大论，每次发送140个字符，更新起来也方便。

最早也是最著名的微博是美国的Twitter，在中国一经登陆，便显出了它极强的生命力，不仅名人都有"围脖"，一些国家领导人也开通微博与民众交流。而微博的"草根性"特点让使用群体不断扩大。

对于普通人来说，微博的关注友人大多来自事实的生活圈子，用户的一言一行不但起到发泄感情、记录思想的作用，更重要的是维护了人际关系。

5. 微信

微信（wechat）是腾讯公司于2011年1月21日推出的一个为智能终端提供即时通讯服务的免费应用程序，微信支持跨通信运营商、跨操作系统平台通过网络快速发送免费（需消耗少量网络流量）语音短信、视频、图片和文字；同时，也可以使用通过共享流媒体内容的资料和基于位置的社交服务插件"摇一摇""漂流瓶""朋友圈""公众平台""语音记事本"等。

微信提供公众平台、朋友圈、消息推送等功能，用户可以通过"摇一摇""搜索号码""附近的人"和扫二维码方式添加好友和关注公众平台，同时微信将内容分享给好友以及将用户看到的精彩内容分享到微信朋友圈。

微信具有以下几个基本功能：

聊天：支持发送语音短信、视频、图片（包括表情）和文字，是一种聊天软件，支持多人群聊（最高40人，100人和200人的群聊正在内测）。

添加好友：微信支持查找微信号（具体步骤：点击微信界面下方的朋友们—>添加朋友—>搜号码，然后输入想搜索的微信号码，然后点击查找即可）、查看QQ好友添加好友、查看手机通讯录和分享微信号添加好友、摇一摇添加好友、二维码查找添加好友和漂流瓶接受好友等7种方式。

实时对讲机功能：用户可以通过语音聊天室和一群人语音对讲，但与在群里发语音不同的是，这个聊天室的消息几乎是实时的，并且不会留下任何记录，在手机屏幕关闭的情况下也仍可进行实时聊天。

6. 陌陌

陌陌是一款基于地理位置的移动社交工具。使用者可以通过陌陌认识附近的人，免费发送文字消息、语音、照片以及精准的地理位置跟身边的人进行更好的交流；可以使用陌陌创建和加入附近的兴趣小组、留言及附近活动和陌陌吧，丰富自己的社交圈。

陌陌专注于移动互联网，专注于移动社交，专注于社交模式探索并满足人们的社交愿望。

陌陌的特色功能主要包括：

社交模式：根据GPS搜寻和定位你身边的陌生人和群组，高效快捷地建立联系，节省沟通的距离成本。

免费传递：你可以方便地通过陌陌免费发送短信、语音、照片以及精准的地理位置，与TA进行各种互动。

体贴递送：即时了解信息送达的状态，"送达、已读"等提示能让你及时掌握信息是否被对方看到。

个人资料：你可以在资料页存放8张照片，以及签名、职业、爱好等，增进别人对你的了解。

场景表情：表情商店提供丰富的表情贴纸，让聊天不再单调，更加的生动活泼，符合移动社交的聊天习惯。

隐私保护：可以随时把你讨厌的人拉入黑名单，还可以对TA的不良行为进行举报，并且有多种隐身模式。

第三章
驾驭负面情绪,坚持正向能量

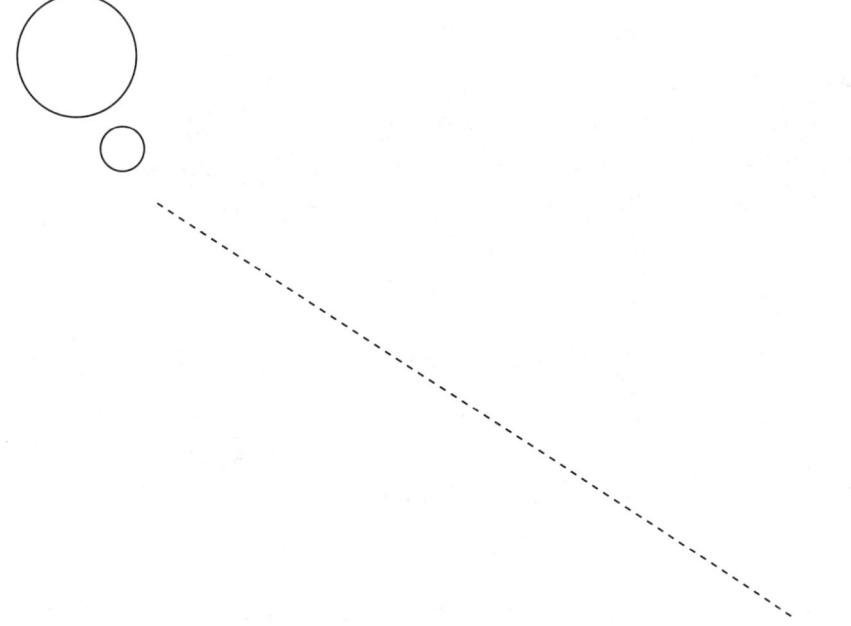

 **掌控焦虑情绪，忧心忡忡为哪般**

焦虑是一种复杂的心理，它始于对某种事物的热烈期盼，形成于担心失去这些期待、希望。焦虑不只停留于内心活动，如烦躁、压抑、愁苦，还常外显为行为方式，表现为不能集中注意力、坐立不安、失眠或梦中惊醒等。短时期的焦虑，对身心、生活、工作无甚妨碍；长时间的焦虑，会使人面容憔悴，体重下降，甚至诱发疾病，给身心健康带来影响。要掌控你的情绪，就要有效控制焦虑。

⊙ 失意时你怎么想

34岁的费清早已把博士学位揣入怀中，在别人眼中她是当之无愧的女强人。但在丈夫和小女儿的眼里，她却是个没有感情的"工作狂"。费清是一家咨询公司的投资顾问，在工作中她遇到许多客户的咨询委托，有些是她不熟悉的领域，但为了扩大客户群，她就先把业务接下来，然后再恶补这方面的知识。几年的时间里，已经是博士的她还拿下了注册会计师、审计师、律师资格，如今又在读工商管理硕士，也快毕业了。但她仍觉得自己的知识欠缺，很多东西还不懂，觉得还要再学点什么。

丈夫对她一肚子的埋怨，本来也身为博士的丈夫也想在事业上有一番作为，但是为了爱情他把所有的家务都承担下来，但是现在妻子却把所有的温存都给了学习，让他很失望。最可怜的就是他们的小女儿，整天被放在寄宿幼儿园，周末回家也常常见不到到处奔波上课的妈妈。当丈夫、女儿想和费清一起看看电视时，她也只是看时事新闻、财经新闻，丈夫常说她越来越没有情趣了,他们的婚姻堡垒也不再坚不可摧。近来,费清的身体也不再像从前那样好,经常出现恶心、焦躁等症状。

很多人都在说:"唉,生活充满压力!"甚至连小孩也开口说:"读书上学压力真大!"

总有这样的现象:

孩子说:"明天考试成绩公布,我今晚一定睡不好!"

妈妈说:"看着孩子的功课一天比一天退步,我不知该怎么办才好!"

先生说:"最近业绩不好,回到公司都感到战战兢兢!"

婆婆说:"每当儿子夜归,我就坐立难安!"

"睡不好""不知该怎么办好""战战兢兢""坐立难安",表示心中有焦虑。

当一个人心中感到焦虑,意味着他有压力了。

因为焦虑是人处在压力底下一种生理及情绪上的不愉快、不舒服的感觉。

换言之,"考试成绩公布""孩子功课退步""工作表现欠佳""儿子夜归"等生活事件,已经变成压力事件了!

近年来,许多22~35岁的拥有高学历的正常成年人常会突发一种奇怪的疾病:没有任何病理变化,也没有任何器质性病变,但突发性地出现恶心、呕吐、焦躁、神经疲惫等症状,女性还会并发停经、闭经和痛经等妇科疾病,发病间隔不一定,起病时间也不一定。有关专家认定,这是一种身心障碍,未正式公布的名字是:焦虑综合征。

焦虑已经是现代人生活中的一部分了。可是很多人在焦虑的情绪升起时,往往不晓得自己正处在焦虑的状态底下!

⊙ 警惕"隐形杀手"

卡耐基在他的书中提到一个石油商人的故事:

我是石油公司的老板，有些运货员偷偷地扣下了给客户的油量而卖给了他人，而我却毫不知情。有一天，政府的一个稽查员来找我，告诉我他掌握了我的员工贩卖不法石油的证据，要检举我们。但是，如果我们贿赂他，给他一点钱，他就会放我们一马。我非常不高兴他的行为及态度。一方面我觉得这是那些盗卖石油的员工的问题，与我无关；但另一方面，法律又有规定"公司应该为员工行为负责"。若万一案子上了法庭，就会有媒体来炒作此新闻，名声传出去会毁了我们的生意。我焦虑极了，开始生病，三天三夜无法入睡，我到底应该怎么做才好呢？是给那个人钱还是不理他，随便他怎么做？

我决定不了，每天担心，于是，我问自己：如果不付钱的话，最坏的后果是什么呢？答案是：我的公司会垮，事业会被毁了，但是我不会被关起来。然后呢？我也许要找个工作，其实也不坏。有些公司可能乐意雇用我，因为我很懂石油。至此，很有意思的是，我的焦虑开始减轻，然后，我可以开始思想了，我也开始想解决的办法：除了上告或给他金钱之外，有没有其他的路？找律师呀，他可能有更好的点子。

第二天，我就去见了律师。当天晚上我睡了个好觉。隔了几天，我的律师叫我去见地方检察官，并将整个情况告诉他。意外的事情发生了，当我讲完后，那个检察官说，我知道这件事，那个自称政府稽查员的人是一个通缉犯。我心中的大石落了下来。这次经验使我永难忘怀。至此，每当我开始焦虑担心的时候，我就用此经验来帮助自己跳出焦虑。

人之所以会焦虑会担心会害怕，是因为在潜意识中我们都渴望过一种自由自在、无忧无虑的生活，我们在面对可能发生的事件（当然指的是消极的）或克服此事件产生的后果时缺乏信心，潜在的不自信使我们的思想、行为、情绪造成一种紊乱，肌肉不由自主地战栗。在这种情况下，我们不仅注意力无法集中，情绪失控，而且记忆会严重丧失，这种情况若不改善，长期下来，会造成我们的消化不良、胃溃疡、头痛、免疫系统的减弱、失眠、呼吸不顺畅、疲劳等。

每个人都知道什么是焦虑：在你面临一次重要的考试以前，在你第一次和某位姑娘约会之前，在你的老板大发脾气的时候，在你知道孩子得了某种疾病的时候，你都会感到焦虑。焦虑并不是坏事，焦虑往往能够促使你鼓起勇气，去应付即将发生的危机。焦虑是有进化意义的。

但是，如果你有太多的焦虑，甚至得了焦虑症，这种有进化意义的情绪就会起到相反的作用——它会妨碍你去应对、处理面前的危机，甚至妨碍你的日常生活。如果你得了焦虑症，你可能在大多数时候没有什么明确的原因就会感到焦虑；你会觉得你的焦虑是如此妨碍你的生活，事实上你什么都干不了。

心理上长期处于焦虑状态之中，就有可能导致生理和心理上的疾病。轻者包括疲劳、头痛、背痛、胃灼热、消化不良、下痢、失眠，甚至掉头发；重者可产生忧郁症、高血压、高胆固醇、免疫系统衰弱、癌症、阳痿、胰脏毛病、溃疡等疾病。因此，我们一定要警惕焦虑的侵袭。

⊙ 走出职业焦虑的陷阱

焦虑症是一种普遍的心理障碍，在白领中发病率较高，而在知识女性中的发病率比男性要高。对焦虑症的治疗主要以心理治疗为主，当然也可以适当配合药物进行综合治疗。

1. 焦虑症的表现

流行病学研究表明，白领中有4.1%~6.6%在他们的一生中会得焦虑症。

焦虑症的焦虑和担心持续在6个月以上，其具体症状包括以下四类：身体紧张、自主神经系统反应性过强、对未来无名的担心、过分机警。这些症状可以单独出现，也可以一起出现。

（1）身体紧张：焦虑症患者常常觉得自己不能放松下来，全身紧张。他们面部紧绷，眉头紧锁，表情紧张。

（2）自主神经系统反应性过强：焦虑症患者的交感和副交感神经系统常常超负荷工作。患者出汗、晕眩、呼吸急促、心动过速、身体发冷发热、手脚冰凉或发热、胃部难受、大小便过频、喉头有阻塞感等。

（3）对未来无名的担心：焦虑症患者总是为未来担心。他们担心自己的亲人、自己的财产、自己的健康。

（4）过分机警：焦虑症患者每时每刻都像一个放哨站岗的士兵对周围环境的每个细微动静都充满警惕。由于他们无时无刻不处在警惕状态，所以影响了他们做其他的工作，甚至影响他们的睡眠。

2. 多种方法战胜焦虑症

对于焦虑性神经症的治疗主要是以心理治疗为主，当然也可以适当配合药物进行综合治疗。白领们不妨按以下几种方法进行自我治疗：

（1）增加自信：自信是治愈神经性焦虑的必要前提。一些对自己没有自信心的人，对自己完成和应付事物的能力持怀疑态度，容易夸大自己失败的可能性，从而忧虑、紧张和恐惧。

因此，作为一个神经性焦虑症患者，你必须增加自信，减少自卑感。应该相信自己。因为每增加一份自信，焦虑程度就会降低一点。恢复自信，最终将驱逐焦虑。

（2）自我松弛：也就是从紧张情绪中解脱出来。比如：你在精神稍好的情况下，去想象种种可能的危险情景，让最弱的情景首先出现，并重复出现。你慢慢便会感觉到在任何危险情景或整个过程中你都不再体验到焦虑，此时便算终止。

（3）自我反省：有些神经性焦虑是由于患者对某些情绪体验或欲望进行压抑，压抑到无意识中去了，但它并没有消失，仍潜伏于无意识之中，因此便产生了病症。发病时你只知道痛苦焦虑，而不知其因。因此在这种情况下，你必须进行自我反省，把潜意识中引起痛苦的事情诉说出来。必要时可以发泄，发泄后症状一般就会消失。

（4）自我催眠：焦虑症患者大多数有睡眠障碍，很难入睡或突然从梦中惊醒，此时你可以进行自我暗示催眠，如可以数数促使自己入睡。

⊙ 情绪掌控术　焦虑症的自我预防

焦虑症可以做到自我预防，主要方法包括以下几种。

1. 有一个良好的心态

首先要乐天知命，知足常乐。古人云："事能知足心常惬。"对自己所走过的路要有满足感，不要老是追悔过去，埋怨自己当初这也不该，那也不该。理智的人不会在意过去留下的脚印，而注重开拓现实的道路。其次是要保持心理稳定，不可大喜大悲。"笑一笑十年少，愁一愁白了头"，"君子坦荡荡，小人常戚戚"，要心宽，凡事想得开，要使自己的主观思想不断适应客观发展的现实。不要企图让客观事物纳入自己的主观思维轨道，那不但是不可能的，而且极易诱发焦虑、忧郁、怨恨、悲伤、愤怒等消极情绪。其三是要注意"制怒"，不要轻易发脾气。

2. 自我疏导

轻微焦虑的消除，主要是依靠个人。当出现焦虑时，首先要意识到这是焦虑心理，要正视它，不要用自认为合理的其他理由来掩饰它的存在。其次要树立起消除焦虑心理的信心，充分调动主观能动性，运用注意力转移的原理，及时消除焦虑。当你的注意力转移到新的事物上去时，心理上产生的新的体验有可能驱逐和取代焦虑心理，这是一种人们常用的方法。

3. 自我放松

活动你的下颚和四肢。当一个人面临压力时，容易咬紧牙关。此时不妨放松下颚，左右摆动一会儿，以松弛肌肉，纾解压力。你还可以做扩胸运动，因为许多人在焦虑时会出现肌肉紧绷的现象，引起呼吸困难。而呼吸不顺可能使原有的焦虑更严重。欲恢复舒坦的呼吸，不妨上下转动双肩，并配合深呼吸。举肩时，吸气；松肩时，呼气，如此反复数回。

4. 冥想

如闭上双眼,在脑海中创造一个优美恬静的环境,想象在大海岸边,波涛阵阵,鱼儿不断跃出水面,海鸥在天空飞翔,你光着脚丫,走在凉丝丝的海滩上,海风轻轻地拂着你的面颊……

5. 放声大喊

在公共场所,这方法或许不宜,但当你在某些地方,例如私人办公室或自己的车内,放声大喊是发泄情绪的好方法。不论是大吼或尖叫,都可适时地宣泄焦躁。

第三章 驾驭负面情绪，坚持正向能量

 **操纵紧张情绪，生活其实没那么复杂**

一张一弛，文武之道。人生就像条弦，太松了，弹不出优美的乐曲，太紧了，容易断，只有松紧合适，才能奏出舒缓优雅的乐章。只有认清了在这个世界上要做的事情，认真去做自己喜爱的事，就会获得一种内在的平静和充实。知道自己的责任之所在，并背负了适合自己的责任包袱，我们就能体会到人生旅途的快乐。要掌控你的情绪，就要掌握节奏，张弛有度，不要过度紧张。

⊙ 过度紧张有损身心健康

当今世界是一个竞争激烈、快节奏、高效率的社会，这就不可避免地给人带来许多紧张和压力。精神紧张一般分为弱的、适度的和加强的三种。人们需要适度的精神紧张，因为这是人们解决问题的必要条件。但是，过度的精神紧张，却不利于问题的解决。从生理心理学的角度来看，人若长期、反复地处于超生理强度的紧张状态中，就容易急躁、激动、恼怒，严重者会导致大脑神经功能紊乱，有损于身心健康。因此，要克服紧张的心理，设法把自己从紧张的情绪中解脱出来。

有效消除紧张心理，从根本上来说一是要降低对自己的要求。一个人如果十分争强好胜，事事都力求完善，事事都要争先，自然就会经常感觉到时间紧迫，匆匆忙忙（心理学家称之为"A型性格"）。而如果能够认清自己能力和精力的限制，放低对自己的要求，凡事从长远和整体考虑，不过分在乎一时一地的得失，不过分在乎别人对自己的看法和评价，自然就会使心境松弛一些。二是要学会调整节奏，劳逸结合。

据说，希特勒的集中营中常用的一种用来拷问囚犯和俘虏的刑罚是将囚犯的手脚固定，然后在他们的头部上端吊一个漏斗一样的水袋，水袋会昼夜不停地在囚犯头上嗒嗒地滴水。久而久之，囚犯便会神经错乱，直至发狂。原来在囚犯们听来，那落在头上的水滴声好似重锤击打在头上发出的声音，听久了，他们的心灵便会彻底崩溃。

生活中无休止地忙碌就好像那不停地往下滴水的水袋。只要你不离开，它就会一刻不停地击打你的心灵，不会放松自己的人，终将被其击垮。所以，我们在工作之余，应该学会放松，学会尽情享受美好人生。

由于生活节奏的加快，人们忙忙碌碌为工作、为生活，似乎每天都没有充裕的时间去放松自己。其实只要合理地分配你的时间，也就是说妥善地处理好工作与生活、忙碌与休闲之间的关系，坚持每天抽出一点时间来放松自己，做自己喜欢做的事即可。

在日常生活中要注意调整好节奏。工作学习时要思想集中，玩时要痛快。要保证充足的睡眠时间，适当安排一些文娱、体育活动。

⊙ 掌握节奏，张弛有度

有一位猎人看到一件有趣的事情。有一天，他偶然发现村里一位十分严肃的老人与一只小鸡在玩说话游戏。猎人好生奇怪，为什么一个生活严谨、不苟言笑的人会在没人时像一个小孩那样快乐呢？

他带着疑问去问老人，老人说："你为什么不把弓带在身边，并且时刻把弦扣上？"猎人说："天天把弦扣上，那么弦就失去弹性了。"老人便说："我和小鸡游戏，理由也是一样。"

生活也一样，每天总有干不完的事。但是，如果天天为工作疲于奔命，最终这些让我们焦头烂额的事情也会超过我们所能承受的极限。

当今社会，生活节奏不断加快，"时间"似乎对每个人都不再留情

第三章 驾驭负面情绪，坚持正向能量

面。于是，超负荷的工作给人造成不可避免的疾患。

因为人们的生活起居没了规律，所以患职业病、情绪不稳、心理失衡甚至猝死等一系列情况时有发生，给人们生活、工作及心理上造成无形的压力。

这时，需要换一种心情，轻松一下，学会放下工作，试着做一些其他的运动，以获得片刻休闲，消去心中烦闷。有一位网球运动员，每次比赛前别人都去好好睡一觉，然后去练球，他却一个人去打篮球。有人问他，为什么你不练网球？他说，打篮球我没有丝毫压力，觉得十分愉快。对于他来说，换一种心态，换一种运动方式，就是最好的休闲。

你每天行色匆匆，为了生存、为了生活而奔波劳碌，你说根本没有时间。随着生活节奏的加快，争时间、抢速度已成为市场经济这个大环境中的普遍现象。

小义在一家知名外企工作，现在他怀疑自己得了健忘症。和客户约好了见面时间，可搁下电话就搞不清是10点还是10点半；说好一上班就给客户发传真，可一进办公室忙别的事就忘了，直到对方打电话来催……小义感觉自从半年前进入公司后，陀螺一样天旋地转忙碌，让他越来越难以招架，快撑不住了。"那种繁忙和压力是原先无法想象的，每人都有各自的工作，没有谁可以帮你。我现在已经没什么下班、上班的概念了，常常加班到晚上10点，把自己搞得很累。有时想休假，可假期结束后还有那么多的活，而且因为休假，手头的工作会更多。"他无奈地向朋友诉苦。

在实际工作中，类似于小义这种情况时常发生，尤其是在外企拿高薪的工作人员。

据有关统计，在美国有一半成年人的死因与压力有关，企业每年因压力遭受的损失达1500亿美元——员工缺勤及工作心不在焉而导致效率低下。

在挪威，每年用于职业病治疗的费用达国民生产总值的10%。

在英国，每年由于压力造成1.8亿个劳动日的损失，企业中6%的缺勤是

由与压力相关的不适引起的。

我们都有时间，并且可以试着改变自己。当你下班赶着回家做家务时，你不妨提前一站下车，花半小时，慢慢步行，到公园里走走。或者什么都不做，什么也不想，就是看看身边的景色，放松一下自己的心情，肯定会有意想不到的效果。

去海滨、名山休假不是每个人都能办到的，但学会忙里偷闲，作片刻休息，则是人人都能做到的。

⊙ 解除紧张，保持平衡

过度精神紧张给人身心健康带来的威胁是明显的、严重的，那么应怎样做才能解除人的过度精神紧张而达到心理平衡呢？

提出合理的期望水平。俗语说人贵有自知之明，每一个人都应对自我有一个客观的评价，正确地分析自己的优势与不足，据此提出适合自己的合理期望，不要事事想成，也不要每一件事都要求完美。你的一生可能不很伟大，但却活得有价值。各行各业的能手之所以能成功就是因为他们认识到了自我的优势，并根据优势提出合理期望。其实我们每个人都可以做到这一点。

保持幽默感。我们每个人都应活得轻松些，尤其当自己身处逆境时，要学会超脱。所谓"来日方长"，要看到生活好的一面，无忧无虑，自得轻松。

对自己说"我行"。做任何事都不要害怕失败，因为只有自信才会使你抓住成功的机会。要善于挖掘自身的潜能，改善原有的认识结构和行为模式，以提高自己对周围环境的适应能力和调节能力。克服自卑心理，因为生活中一个自我感觉强大的人要比一个自我感觉渺小的人精神负担少得多。因此，认准了的事就要去做，大声对自己说"我行"，那么你一定会获得成功。这里所说的自信不是狂妄自大，也不是自以为是。如果只指望他人把事情办好，或坐等他人把事办好，就可能使你处于被动地位，也可能使你成为环境的牺牲品。因此，办任何事情，首先要相信自己，依靠自己，不要将希望寄托于别人，否则将坐失良机，产生懊丧心理，加重精神紧张。

当机立断。死守着一个毫无希望的目标，不论对你自己，还是对你周围的人，都会增加心理压力和精神紧张。一个聪明人一旦打算完成某项任务时，就应马上做出决断并付诸行动。当他发现已作的决定是错误的，就应立即另谋办法。优柔寡断，只会加剧精神负担。

养成宽容的习惯。古人说得好：宰相肚里能撑船。只有心胸宽广的人，才能有效地控制自己，特别是在挫折面前要表现出大度。我们不应一遇挫折就自怨自艾，或在别人身上泄愤。应学会宽容和宽恕，这样你就能忘却那些不愉快的事，消除产生精神紧张的根源。大事不应糊涂，但小事不妨糊涂些，做个"难得糊涂"的人，这样，你会生活得比以前更轻松、愉快。

建立支持系统。人生之路并非全是坦途，生活中每个人都会遇到这样那样的麻烦，每个在困境中的人都希望得到别人的帮助，因而这要求我们必须建立相互支持系统。它可为你在挫折时提供良好的情感支持，令你减少孤独或紧张。你的亲友、同学、同事、邻里都可成为你的支持者。在这个人际圈当中，你要得到别人帮助就先要多去关心别人，而且关心别人还会使你有一种美好的感受。我们都是同样的人，别人碰上的事情你有一天也可能会碰上。生活的道路不会太平坦。与周围的人建立友谊，可以增加来自外界的支持和帮助，从而减轻精神紧张。不要害怕扩大你的社会影响，这样有助于你寻找应付紧急事件的新渠道。据美国科研人员在对2 700多人进行为期14年的跟踪研究后指出，帮助别人有助于消除精神紧张，这就很能说明这个问题。

走出封闭的自我。自我封闭有两种：一是以自己为圆心的自我封闭。多是自卑心重或曾受到重大的挫折的人，这只要加强自信，正视现实就会逐步迈出自己编织的小圈子。二是以别人为圆心的自我封闭。我们中国人最能忍辱负重，有些人是为别人而活着的，有的为父母，有的为儿女，有的为家庭，有的为事业等。虽然我们不崇尚完全以自我为中心，但也不能空来世上走一遭，只为别人拉磨盘，而把自己封闭起来，这样的活法哪能不累。走出去，做你喜欢的事，你将发现外面的世界的确很精彩，你的紧张、烦恼也将随风消散。

宣泄、抒发。经常处于精神紧张状态，累加起来，可能会吞噬我们健康的机体。我们需要对人诉说自己的感受，哪怕这样做改变不了多少事情。向谁诉说，取决于想要说的内容，必须选择合适的诉说对象。记住，绝对不要将不愉快的事情隐藏在自己的心里。

以仁待人。当别人身处困境时应乐于助人。在这种时刻，他们最需要你去倾听他们的诉说，需要你给予帮助。俗话说，善有善报，如果你有朝一日也出现某种危机之时，如果对方是一位真诚的朋友，他也会来帮助你的。

灵活一些。我们要完成一件工作，可能有许多方法，你自己的那种方法不一定是最好的，或者虽然是最好的方法，但不一定行得通。如果你总认为事事都必须按你的想法去做，那么当事物不按你的想法发展时，你就会烦恼生气。其实你的目标只应是把事情办成，至于方法，不必拘于某一种。

⊙ 情绪掌控术　消除情绪紧张十大妙计

下面是消除紧张情绪的十大妙计。

1. 畅所欲言

当有什么事烦扰你的时候，应该说出来，不要存在心里。把你的烦恼向值得你信赖的、头脑冷静的人倾诉：你的父亲或母亲、丈夫或妻子、挚友、老师、学校辅导员等。

2. 暂时避开

当事情不顺利时，你暂时避开一下，去看看电影或一本书，或做做游戏，或去随便走走，改变环境，这一切能使你感到松弛。强迫自己"保持原来的情况，忍受下去"，无非是做自我惩罚。当你的情绪趋于平静，而且当你和其他相关的人均处于良好的状态可以解决问题时，你再回来，着手解决你的问题。

3. 改掉乱发脾气的习惯

当你想要骂某个人时，你应该尽量克制一会儿，把它拖到明天，同时用抑制下来的精力去做一些有意义的事情。例如做一些诸如园艺、清洁、木工之类的工作，或者是打一场球或散步，以平息自己的怒气。

4. 谦让

如果你觉得自己经常与人争吵，就要考虑自己是否过分主观或固执。要知道，这类争吵将对周围的亲人，特别对孩子带来不良的影响。你可以坚持自己正确的东西，静静地去做，给自己留有余地，因为你也可能是错误的。即使你是绝对正确的，你也可按照自己的方式稍作谦让。你这样做了以后，通常会发觉别人也会这样做的。

5. 为他人做些事情

如果你一直感到烦恼，试一试为他人做些事情。你会发觉，这将使人的烦恼转化为精力，而且使你产生一种做了好事的愉快感。

6. 一次只做一件事

在紧张状态下的人，连正常的工作量有时都担当不起。最可靠的办法是，先做最迫切的事，把全部精力都投入其中，一次只做一件，把其余的事暂且搁到一边。一旦你做好了，你会发现事情根本不那么可怕。

7. 避开"超人"的冲动

有些人对自己的期望太高，经常处在担心和忧郁的状态之中。因为他们害怕达不到目标，他们对任何事物都要求尽善尽美。这种想法虽然极好，但是很容易走向失败。没有一个人是能把所有的事都做得完美无缺的。所以我们首先要判断哪些事是能够做得成的，然后把主要精力投入其中，尽最大的努力去做。做不到时，则不要勉为其难。

8. 对人的批评要从宽

有些人对别人期望太高，当别人达不到他们的期望时，便感到灰心、失望。"别人"可能是妻子、丈夫，或是他们要按照主观愿望培养的孩子。对自己的亲人经常感到失望的人，实际上是对他们自己感到失望。不要去苛求别人的行为，而应发现其优点，并协助其发扬优点。这不仅使你获得满足，而且使你对自己的看法更趋正确。

9. 给别人可以超前的机会

当人们处于激动而紧张的情况时，他们总是想"取胜得第一"，而把别人的劝告抛开，尽管事情小得像在公路上驾车超前一样。如果我们都这么想，而且大多数人都这样做，那么，任何事情都变成了一场赛跑。其实，用不着这样去做。竞争有感染性。你给别人可以超前的机会，不会妨碍自己的前途；如果别人不再感到你对他是个阻碍，他也不会对你产生阻碍。

10. 使自己变得"有用"

很多人有这样的感觉：认为自己被忽视，被人看不起，被抛在一边。实际上这不过是你自己的想象，可能是你自己而不是别人看不起你。你不要退缩，不要避开，你要做出一些主动表示，而不要等到别人向你提出要求。

推倒自卑情绪，增强自信让人生扬帆远航

自卑是压抑自我的沉重精神枷锁，是一种消极、不良的心境。它消磨人的意志，软化人的信念，淡化人的追求，使人锐气钝化，畏缩不前，从自我怀疑、自我否定开始，以自我埋没、自我消沉告终，使人陷入悲观哀怨的深渊，不能自拔。要掌控你的情绪，就要战胜自卑，超越自己，让人生扬帆远航。

⊙ 自卑者愁眉苦脸

人们经常不自觉地用一种刀子来刻画自己的形象，"因为我是忠厚无能的人，所以我能忍气吞声，宁愿伤害自己也不指责对方"。这一形象一旦刻画成功，品尝"后悔"的苦酒就成为一种自我安慰的享受。习惯成自然，一旦事过去，不是寻求胜利的喜悦，而是寻觅不幸与失误。

所以，那些时常悲观的人，也往往是自卑的人。

自卑是人生最大的跨栏，每个人都必须成功跨越才能到达人生的巅峰。

当你还是孩童的时候，自卑这个神秘的怪物就已经跟着你，一步一步地侵蚀你的勇气和信心，你会忧虑同伴看不起你，存心隔离你、孤立你；当你读书的时候，你会怀疑自己的能力，总觉得自己的能力略逊一筹，虽经不懈努力，成绩还是不能拔尖，于是你就自暴自弃，放任自由，你开始害怕见到老师，在同学面前你抬不起头，渐渐地你变得孤独、不合群；当你步入社会，你会无端猜测别人对你不怀好意，埋怨领导对你不器重，感

叹世态炎凉，社交缺乏勇气，见人就脸红、心跳、惶惶不安，以致回避社交，不敢见人；当你出来工作的时候，你会觉得处处存在压力，事事不顺心，面对困难你会无从下手、无所适从；当你恋爱时，你会过分关注你自己的表现，你会很在乎对方对你的评价，你会怀疑自己的魅力，担心被对方抛弃，害怕错过这次机会以后情况会更糟；等到你步入婚姻的殿堂后，你又莫名其妙地怀疑起自己的性能力和生育能力。

自卑常常在不经意间闯进我们的内心世界，控制我们的生活，在我们有所决定、有所取舍的时候，向我们勒索着勇气与胆略；当我们碰到困难的时候，自卑会站在我们的背后大声地吓唬我们；当我们要大踏步向前迈进的时候，自卑会拉住我们的衣袖，叫我们小心地雷。一次偶然的挫败就会令你垂头丧气，一蹶不振，将自己的一切否定，你会觉得自己一无是处，窝囊至极，你会掉进自责自罪的漩涡。

自卑就像蛀虫一样啃噬着你的人格，它是你走向成功的绊脚石，是快乐生活的拦路虎。只有自信才可以释放人的各种力量。自信的人胆大，自信的人英勇，自信的人坦诚，自信的人开朗，自信的人乐观，自信的人豁达，自信的人谦虚，自信的人热情，自信的人热爱生活，自信的人无所畏惧，自信的人快乐，自信的人容易接受自己的缺点，自信的人较客观，自信的人对自己较负责，自信的人较易控制自己的情绪，自信的人较易接受现实，自信的人更富同情心，自信的人更具爱的能力，自信的人人际关系更深刻，自信的人更民主。

仔细思忖，自卑实际上是一种徒然的自我折磨，因为它不会给人以激励，不会给人以力量，只会摧残人的身心，盗走人的骨气。容忍它的存在真是有百害而无一利。

⊙ 别让自卑感控制你的生活

自卑会控制你的生活，在你有所决定、有所取舍的时候，去抹杀你的

第三章 驾驭负面情绪，坚持正向能量

勇气与胆略。如果你由于自卑的打击，在忧郁的泥潭中越陷越深且无力自拔，结果沉沦于心灰意冷的"自卑情结"，那你最终也难以获得令人满意的结局。我们需要正视自卑的存在，不退缩，不蛮干，尽力克服，努力超越。

没有自信的人生，不仅在精神上存在懦弱、迷茫、疑惑和拘谨等许多缺陷，而且在实际行为上，亦裹足不前，痛失机遇。

一对老夫妇省吃俭用地将4个孩子抚养长大。岁月匆匆，他们结婚已有50年了，拥有极佳收入的孩子们，正秘密商议着要送给父母什么样的金婚礼物。

由于老夫妇喜欢携手到海边享受夕阳余晖，孩子们决定送给父母最豪华的爱之船旅游航程，好让老两口尽情徜徉于大海的旖旎风情之中。

老夫妇带着头等舱的船票登上豪华游轮，可以容纳数千人的大船令他们赞叹不已。而船上更有游泳池、豪华夜总会、电影院等，真令他俩感到惊喜无限。

美中不足的是，各项豪华设备的费用皆十分昂贵，节俭的老夫妇盘算自己不多的旅费，细想之下，实在舍不得轻易去消费。他们只得在头等舱中安享五星级的套房设备，或流连在甲板上，欣赏海面的风光。

幸好他们怕船上伙食不合胃口，随身带着一箱方便面，既然吃不起船上豪华餐厅的精致餐饮，只好以方便面充饥，间或想变换口味吃吃西餐，便到船上的商店买些西点面包和牛奶。

到了航程的最后一夜，老先生想想，若回到家后，亲友邻居问起船上餐饮如何，自己竟答不上来，也是说不过去。和太太商量后，老先生索性狠下心来，决定在晚餐时间到船上餐厅用餐，反正是最后一餐，明天即是航程的终点，也不怕宠坏了自己。

在音乐及烛光的烘托之下，欢度金婚纪念的老夫妇仿佛回到初恋时的快乐。在举杯畅饮的笑声中，用餐时间已近尾声，老先生意犹未尽地招来侍者结账。

侍者很有礼貌地请问老先生："能不能让我看一看你的船票？"

老先生闻言不由得生气："我又不是偷渡上船的，吃顿饭还得看船票？"嘟囔中，他拿出船票了。

侍者接过船票，拿出笔来，在船票背面的许多空格中划去一格。同时惊讶地问："老先生，你上船以后，从未消费过吗？"

老先生更是生气："我消不消费，关你什么事？"

侍者耐心地将船票递过去，解释道："这是头等舱的船票，航程中船上所有的消费项目，包括餐饮、夜总会以及其他活动，都已经包括在船票内，您每次消费只需出示船票，由我们在背后空格注销即可。"

老夫妇想起航程中每天所吃的方便面，而明天即将下船，不禁相对默然。

我们是否曾经想过，在我们来到世界的那一刻，上天已经将最好的头等舱船票交给了我们。是的，我们可以在物质上、心灵上，完全可以享有最豪华的待遇，只要我们愿意出示船票。更重要的是，千万不要浪费了本来属于我们的头等舱待遇。

当然也有许多人在他的一生中，只是过着犹如借方便面充饥一般的生活。这并非是他们应得的份。他们拥有头等舱的船票，但他们未曾想到去使用，或根本不知道船票的价值。

因此，人人都可以过上自己想要的生活，只要你对自己充满自信，相信自己的能力与价值，生活的每一天都将会是"头等舱"。

⊙ 从相信自己开始

心理学认为，自卑是一种过多地自我否定而产生的自惭形秽的情绪体验。自卑心理可能产生在任何年龄段和各种各样的人身上。比如，德才平平，生命仍未闪现出"辉煌"与"亮丽"，往往容易产生"看破红尘"的感叹和"流水落花春去也"的无奈，以致把悲观失望当成了人生的主调；

第三章 驾驭负面情绪，坚持正向能量

经过奋力拼搏，工作有了成绩，事业上创造了"辉煌"，但总担心"风光"不再，容易产生前途渺茫、"四大皆空"的哀叹；随着年龄的增长，青春一去不回头，往往容易哀叹岁月的无情或生发出红日偏西的无奈……这种自卑心理是压抑自我的沉重精神枷锁，是一种消极、不良的心境。它消磨人的意志，软化人的信念，淡化人的追求，使人锐气钝化、畏缩不前，从自我怀疑、自我否定开始，以自我埋没、自我消沉告终，使人陷入悲观哀怨的深渊、不能自拔。

湖南有一位大学生，毕业后被分配在一个偏远闭塞的小镇任教。看着昔日的同窗有的分配到大城市，有的分配到大企业，有的投身商海。繁琐的现实使他充满梦想的象牙塔坍塌了，好似从天堂掉进了地狱。他的自卑和不平衡感油然而生，从此不愿与同学或朋友见面，不参加公开的社交活动。为了改变自己的现实处境，他寄希望于报考研究生，并将此看作唯一的出路。但是，强烈的自卑与自尊交织的心理让他无法平静，在路上或商店偶然遇到一个同学，都会令他好几天无法安心。他痛苦极了。为了考试，为了将来，他每每捧起书本，都因极度的厌倦而毫无成效。据他自己说："一看到书就头疼。一个英语单词记不住两分钟；读完一篇文章，头脑仍是一片空白。最后连一些学过的常识也记不住了。我的智力已经不行了，这可恶的环境让我无法安心，我恨我自己，我恨每一个人。"

几次失败以后他停止努力，荒废了事业，当年的同学再遇到他，他已因酗酒过度没有人能认出他了。他彻底崩溃了。

自卑是一种心理暗示，给你这种暗示的，正是你自己。你给自己贴了失败者的标签，就注定自己的一生是失败的！

玛丽觉得自己长得不够漂亮，所以她很自卑，走路都是低着头。有一天，她到饰物店去买了只绿色蝴蝶结，店主不断赞美她戴上蝴蝶结很漂亮，玛丽虽不信，但是挺高兴，不由昂起了头，急于让大家看看，出门与人撞了一下都没在意。

玛丽走进教室，迎面碰上了她的老师，"玛丽，你抬起头来真美！"

老师爱抚地拍拍她的肩说。

那一天,她得到了许多人的赞美。她想一定是蝴蝶结的功劳,可在镜前一照,头上根本就没有蝴蝶结,一定是出饰物店时与人碰撞时弄丢了。

不过,玛丽知道,以后她再也不需要蝴蝶结了。

这是一个真实的故事,这位叫玛丽的小女孩现在已经是HBO的著名主持人了。其实你我的身边也有很多类似的故事。我们身边有很多自卑的人,只是他们没有玛丽这么幸运,还是在受着自卑的折磨。

自卑的人往往碰到过一些困难,于是便觉得自己一无是处,其实他们可以在关键的时刻发出光彩,他们能改变自己的一生,也能影响到别人。

⊙ 产生自卑的原因

自卑的人心情低沉,郁郁寡欢,常因为害怕别人瞧不起自己而不愿意与别人来往,只想和人疏远,缺少朋友,甚至内疚、自责、自罪;他们做事缺乏信心,没有自信,优柔寡断,毫无竞争意识,享受不到成功的喜悦和欢乐,因而感到疲劳,心灰意懒。

一般来说,自卑感的产生与主客观因素及自我评价因素有着密切的关系,其表现有三。

1. 胆怯封闭

一些人由于深感自己不如别人,在人与人交往或者从事某项事业中必败无疑,于是把自己封闭起来,不参与竞争,不干有风险的事,坚信"安全第一"。越是封闭自己,就越是对自己没有自信,造成不良循环。事实上,我们发现自卑的人很少会主动与人交往,在一些有激烈竞争的事业中更难觅踪影。

2. 自傲逼人

即人们常说的过分的自卑以过分的自尊表现出来,尤其当屈从的方式不能减轻其自卑之苦时,就采用好斗方式。有自卑感的人,比任何人更注意到不让自己被别人发现其内心的真实想法,因此当他认为别人可能会发现时,便采用这种好斗的方式阻止别人的了解。人们常发现这种人动辄就会为一件微不足道的事寻找借口衅事。其实,这种矫枉过正的做法,反而暴露出自己真实的内心世界。

3. 跟随大流

丧失信心的人,常对自己的决定缺乏自信,便随大流以求与他人保持一致,去应验一句"人随大流不挨罚,羊随大群不挨打"的古训。害怕表明自己的观点,努力寻找他人的认可。我们发现自卑者的一个"规律":他们在做了某一件事之前就想:别人是不是这样看待这件事的?我这样做别人会笑话我吗?会不会被认为是出风头?在做了事之后,又想:不知会不会得罪人?如果刚才不那么做就会更好等。总而言之,求同心理极强。

⊙ 勇敢战胜自卑

战胜自卑,首先要承认,自卑情绪人皆有之。实质上,一个人并非在每个方面都能出类拔萃,因为天外有天,人外有人。所以,在某些时候的某些方面有不如意的感觉,出现自卑也是正常的,大可不必以此为耻而自暴自弃,更犯不着用狂妄自大、目中无人去掩饰。那只是自欺欺人。

战胜自卑就要正确地认识自我。尺有所短,寸有所长。每个人都有自己的短处,也都有自己的长处。如果我们以己之长去比别人之短,就能发掘出自信,可以在客观地认识短处和劣势的基础上,找出自己的长处与优势。可以将自己最满意的事情、最引以为荣的优点和令人瞩目的成绩,炫耀于心中的"荣耀室",从而反复地刺激和暗示自己"我还可以""我能行"。美国著名心理学家麦克斯威尔说:"人的所有行为、感情和举止,甚至才能,与其自我意向是一致的。"如果能将"我还可以""我能行"的心理暗示,不断地渗透到自己人生的各个方面,便能撞击出生命的火花,就能培养出阿基米德"给我一个支点,我将移动地球"的那份自信。

1. 要正确地评价自己

人贵有自知之明。所谓"自知之明",就是不仅能如实地看到自己的短处,也能恰如其分地看到自己的长处,切不可因自己的某些不如别人之处而看不到自己的如人之处和过人之处,这才是正确的与人比较方式。马克思曾说过,伟人之所以高不可攀,是因为你自己跪着。

2. 要正确地表现自己

心理学家建议:有自卑心理的人,不妨多做一些力所能及、把握较大的事情。这些事情即使很"小",也不要放弃争取成功的机会。任何成功都能增强自己的自信,任何大的成功都蓄积于小的成功之中。换言之,要通过在小的成功中表现自己,确立自信心,循序渐进地克服自卑心理。

3. 设法正确地补偿自己

盲人尤聪,瞽者尤明。这是生理上的补偿。人的心理也同样具有补偿能力。为了克服自卑心理,可以采用两种积极的补偿:其一是勤能补拙。知道自己在某些方面有缺陷,不背思想包袱,以最大的决心和最顽强的毅力去克服这些缺陷,这是积极的、有效的补偿。华罗庚说:"勤能补拙是良训,一分辛苦一分才。"其二是扬长避短,"失之东隅,收之桑榆"。

⊙ 情绪掌控术　重建自信的6个方法

自卑是一种低劣的心理,是一种消极的心理状态,是阻挠成功的巨大心理障碍。征服畏惧,战胜自卑,不能夸夸其谈,止于幻想,而必须付诸实践,见于行动。建立自信最快、最有效的方法,就是去做自己害怕的事,直到获得成功。

1. 挑前面的位子坐

在各种形式的聚会中,在各种类型的课堂上,后面的座位总是先被人坐满,大部分占据后排座位的人,都希望自己不会"太显眼"。而他们怕受人注目的原因就是缺乏信心。

坐在前面能建立信心。因为敢为人先，敢在人前，敢于将自己置于众目睽睽之下，就必须有足够的勇气和胆量。久而久之，这种行为就成了习惯，自卑也就在潜移默化中变为自信。另外，坐在显眼的位置，就会放大自己在领导及老师视野中的比例，增强反复出现的频率，起到强化自己的作用。把这当作一个规则试试看，从现在开始就尽量往前坐。虽然坐在前面会比较显眼，但要记住，有关成功的一切都是显眼的。

2. 正视别人

眼睛是心灵的窗口，一个人的眼神可以折射出性格，透露出信息，传递出微妙的情感。不敢正视别人，意味着自卑、胆怯、恐惧；躲避别人的眼神，则折射出阴暗、不坦荡的心态。正视别人等于告诉对方："我是诚实的，光明正大的；我非常尊重、喜欢你。"因此，正视别人，是积极心态的反映，是自信的象征，更是个人魅力的展示。

3. 改变行走的姿势与速度

许多心理学家认为，人们行走的姿势、步伐与其心理状态有一定关系。懒散的姿势、缓慢的步伐是情绪低落的表现，是对自己、对工作以及对别人不愉快感受的反应。倘若仔细观察就会发现，身体的动作是心灵活动的结果。那些受打击、被排斥的人，走路都拖拖拉拉，缺乏自信。反过来，改变行走的姿势与速度，有助于心境的调整。要表现出超凡的信心，走起路来应比一般人快。将走路速度加快，就仿佛告诉整个世界："我要到一个重要的地方，去做很重要的事情。"步伐轻快敏捷，身姿昂首挺拔，会给人带来明朗的心境，会使自卑逃遁，自信陡增。

4. 练习当众发言

面对大庭广众讲话，需要巨大的勇气和胆量，这是培养和锻炼自信的重要途径。在我们周围，有很多思路敏锐、天资颇高的人，却无法发挥他们的长处参与讨论。其实不是他们不想参与，而是缺乏信心。

在公众场合，沉默寡言的人都认为："我的意见可能没有价值，如果说出来，别人可能会觉得很愚蠢，我最好什么也别说，而且，其他人可能都比我懂得多，我并不想让他们知道我是这么无知。"这些人常常会对自己许下渺茫的诺言："等下一次再发言。"可是他们很清楚自己是无法实现这个诺言的。每次的沉默寡言，都是"缺乏自信"这一毒素的又一次发作，都会使他愈来愈丧失自信。

从积极的角度来看，如果尽量发言，就会增强信心。不论是参加什么性质的会议，每次都要主动发言。有许多原本木讷或者口吃的人，都是通过练习当众讲话而变得自信起来的。

5. 恰到好处地用力握手

握手的方式也能向别人透露不少自身的秘密。比如，许多人为了掩饰自己的缺点，握手的时候故意过分用力和显出傲慢的态度，其实是虚张声势。挤压式的握手方法，则是为了补偿其信心的缺乏。这种人的一举一动过分极端，以致无法让人相信他是一个真正有信心的人。安稳而不过分用力地把对方的手适度地握紧，则是表示："我是生气勃勃、稳扎稳打的。"这才是代表着自信的握手方式。

6. 放大自己最得意的照片

热爱自己是获得幸福生活的先决条件，而讨厌自己则会感到生活非常痛苦。热爱自己的方式多种多样，充分利用自己的照片就是其中之一。

你的影集里一定收藏了很多照片。你可以从中找到许多不同的自我。当你看到最不喜欢的表情时，可能会被一种低沉的情绪和随之而来的寂寞感所控制。这时，你就该另辟蹊径，去把你最中意的照片找出来并认真注视它，然后你可能立刻又会产生一种慰藉感，而且越看越兴高采烈。这时也许你会情不自禁地自言自语道："你看这小伙子多帅，肯定是个有用之才。"

每天都去欣赏你最喜欢的照片，你就会得到一些极有益的启示。把你最得意的照片挑选出来，把它们放大后装入金边相框里，然后挂在屋中最显眼的地方。每当你看到它时，你的心中就会条件反射出一个明快、健康的自我，就会觉得信心百倍、干劲冲天，敢于向一切困难挑战。

与其注意电影明星的广告，不如认真地创造并欣赏自我。

第三章 驾驭负面情绪，坚持正向能量

 **克制嫉妒情绪，嫉妒会毁掉你的前程**

培根说："嫉妒能使人得到短暂的快感，也能使不幸更辛酸。"嫉妒是心中的毒瘤，是一种卑下的情感，嫉妒会使人失去心态的平衡，会使人失去抑制力、判断力，会使人失去良知和教养，会使人变得疯狂。它不但危害嫉妒者本人，更是危害他人乃至社会健康发展的一种"黄疸病"。要掌控你的情绪，就要告别嫉妒，学会赞赏，为别人喝彩，为自己加油。

⊙ 嫉妒伤人又害己

英国文学家和哲学家弗朗西斯·培根写过一篇《论嫉妒》的文章，对嫉妒作过精彩的分析。他写道："好嫉妒别人的是这样的一些人：无德无才之人，他们不能从别人身上的优点中取得养料，必定找别人的缺点来作为养料，用败坏别人幸福的办法来安慰自己，其自身缺乏某种美德，以贬低别人的这种美德来实现两者平衡；好打听闲话者，他们以发现别人的不愉快，来使自己得到一种赏心悦目的愉快。嫉妒是一种四处游荡的情欲，只有闲人才能享有它，而所有埋头自己事业的人，根本没工夫去嫉妒别人；有某种难以克服的缺陷的人，他们因为自己的缺陷无法补偿，需损伤别人来求得补偿；经历过巨大灾祸和磨难的人，这些人乐于把别人的失败看作对自己过去所经历痛苦的抵偿；虚荣心甚强的人，他们不能看到别人在一件事业上总是强于他们，他们不能容忍同事或他们非常熟悉的人被提升。"

那么，好嫉妒的人会采取什么样的行为来危害他人呢？

一是想方设法贬低他人的优点和长处，想方设法抹杀他人的成果。

明明是黑的，他偏偏说是白的；明明获得的成果有十条，他硬是只说二三条；明明他人获得的成果具有广泛的社会应用性，他却大说特说应用的局限性。总之，诚如黑格尔所说："有嫉妒心的人，自己不能完成伟大事业，便尽量去低估他人的伟大，贬抑他人的伟大性使之与他本人相等同，以此来使自己的心理获得'平衡'。"

二是想方设法算计他人。这类人整人很有一套本领，当他发现从正面无法抹掉他人的成果时，于是通过搜集他人"隐私"的方法将其打倒、搞臭。最常见的是所谓的"男女关系""生活作风"之类的"桃色新闻"等，一时间，搞得满城风雨，将人搞得狼狈不堪；有的蛮有才气的人，并没有失败在自己的事业上，然而却惨败于嫉妒者发出的莫须有的"秘闻"之中。

三是想方设法地整倒、告倒被嫉妒的人：好嫉妒的人总会拼上一股子邪劲，上蹿下跳，到处找领导，到处写黑信，写匿名信，对那些真的、假的、道听途说的、自己捏造的，都统统列上，给他嫉妒的对象列"罪状"。在这些"罪状"中，只要任何一条"成立"，都可将他人置于死地。碰到个糊涂的或过于认真的或本身就有嫉贤妒能毛病的上级，于是便认假为真，一查就查它个把年，尽管事情的真相最后都落实了澄清了，但是，那些被嫉妒者却都因此错过了发展的"大好时机"和"关键时刻"。对嫉妒者来说，这也就算是达到了目的。

四是当发现所有的手段都使尽而无效时，于是自己便赤膊上阵，或是像泼妇骂街似地咒骂对方，或是在群众面前公开地散布流言蜚语。这时的他，似乎大有"豁出去"的那股子劲，他也做了充分的"准备"：最坏的结果不就是"两败俱伤"吗？反正他除了嫉妒之外已经再没有别的本事了。

⊙ 不要被嫉妒玩弄

有人说:"嫉妒者无不以害人开始,以害己而告终。"

嫉妒的危害,我国的传统医学早就有过论述,《黄帝内经·素问》明确指出:"嫉火中烧,可令人神不守舍,精力耗损,神气涣失,肾气闭塞,淤滞凝结,外邪入侵,精血不足,肾衰阳失,疾病滋生。"

的确如此。嫉妒孙膑的庞涓在马陵之战中计身亡,贻笑天下;《三国演义》中的周瑜,因为嫉妒神机妙算的诸葛亮而被活生生地气死;《水浒传》中的白衣秀才王伦容不得一个比自己高明的人才,也死于林冲的刀下。

唐军是山东师范大学学生。他的成绩一向优秀,是学习上的佼佼者。正当他飘飘然的时候,别人已经悄悄地赶上他了。这时,他理应急起直追,可惜他并不觉醒,反而产生了一种越来越强的嫉妒心,容不得别人超过自己。唐军的脑子里萌发了一种邪念,决定去"报复"他人,不让他人有好成绩。开始,他只是偷看别人的书籍。当别人苦苦寻找时,他却在一旁幸灾乐祸。后来,他的脑子越来越胡思乱想,竟破坏别人正常学习,纵火焚烧别人的衣物,最终还是被人发现,毁了前途。

一位名人说过:"嫉妒是心灵上的肿瘤。"心灵上的肿瘤"扩散"到身体,七病八灾的就不请自到了。研究结果表明,嫉妒能造成人体内分泌紊乱,消化腺活动下降,肠胃功能失调,经常腰酸背痛和胃痛腹胀,夜间失眠,血压升高,脾气暴躁古怪,性格多疑,情绪低沉,久而久之,高血压、冠心病、神经衰弱、抑郁、胃及十二指肠溃疡等身心疾病就和嫉妒者如影相随了。现代身心医学研究还揭示,脑和人体免疫系统有密切联系,嫉妒可使大脑皮层功能紊乱,引起人体免疫系统的胸腺、脾、淋巴腺和骨髓的功能下降,造成人体内免疫细胞和免疫球蛋白生成减少,使机体抗感染的抵抗力下降。由此可见,嫉妒不仅使精神受到折磨,对身体也是一种摧残。

在现实社会生活中,在对人才的评价和使用的过程中,也时常受到嫉妒心理的干扰，使得有些人才得不到及时地、合理地使用。

总之，嫉妒是一种负面情绪，是指自己的才能、名誉、地位或境遇被他人超越，或彼此距离缩短时所产生的一种由羞愧、愤怒、怨恨等组成的多年情绪体验。它有明显的敌意甚至会产生攻击诋毁行为，不但危害他人，给人际关系造成极大的障碍，最终还会摧毁自身。

⊙ 嫉妒是毒瘤，赞赏是良药

赞赏他人的大敌是嫉妒。

所谓嫉妒，一般是指个人在意识到自己对某种利益的（潜在）占有受到（潜在）威胁时所产生的一种情绪体验。嫉妒心理总是与不满、怨恨、烦恼、恐惧等消极情绪联系在一起，构成嫉妒心理的独特情绪。不同的嫉妒心理有不同的嫉妒内容，在名誉、地位、钱财、爱情四个方面表现得尤为突出。还有的嫉妒者，只要是别人所有的，都在其嫉妒之内。

嫉妒是一种难以公开的心理，常发生在一些与自己旗鼓相当、能够形成竞争的人身上。古今中外，嫉妒置人于死地的事情，不胜枚举。

三国时期的杨修就是中国古代历史上因被嫉妒而招来杀身之祸的典型事例。凡是读过《三国演义》的人，都知道杨修其人。杨修乃曹操手下一名高级谋士。他上知天文下通地理、才高八斗、博学多才、通古知今、才思敏捷、聪颖过人、能说会道，是魏国一个不可多得的人才。可杨修却英年早逝，死于丞相曹操的刀下。不为别的，只因他不谙为官之道，锋芒毕露，聪明反被聪明误，几次三番猜中曹操的计谋，使曹操不快，被曹操所不容，曹操借"鸡肋"事件，以动摇军心为借口将其诛杀。

在现实生活中，仍然存在这样可悲的事情：事业有成、生活幸福的人，都有可能成为有心理障碍的人攻击的目标，孩子的生活也不例外。

王敏和张兰的成绩在班里名列前茅。数学考试前一天晚上，王敏打电话问张兰一道题。张兰费好大工夫才把这道题解出来，她不愿意让王敏不劳而获，又怕第二天考这道题王敏也做对，成绩分不出高低，于是就将一个错误的思路告诉了王敏。

考试的时候果然有这道题。王敏做错了，成绩一下和张兰拉开了距离。一次小小的考试，竟使两人相互忌恨，一直到毕业。

嫉妒心理既害人又害己。发展到一定程度，会给被嫉妒的人造成很深的心理伤害。美国心理学家纳撒尼尔·布兰登博士说："这种致命的嫉妒是自我失落的产物。别人的成功很可能暴露出自己的空虚、贫乏。"有强烈嫉妒心理的人，他们不是想着自己怎样干得更出色，而是想怎样让对方倒霉，变得不如自己。他们害怕在别人的成功中显得自己无用，于是说坏话、传闲话、告黑状、搞小动作，以打击别人，抬高自己。同时，嫉妒别人的人自己在精神上也备受折磨。正如法国大文豪巴尔扎克所言："嫉妒者的痛苦比任何人的痛苦更大，他自己的不幸和别人的幸福都使他痛苦万分。"

⊙ 情绪掌控术　向嫉妒说再见

英国哲学家培根曾说："嫉妒这恶魔总是在暗暗地、悄悄地毁掉人间的好东西。"

克服嫉妒心理，首先必须正确认识自己，既看到自己的短处，也看到自己的长处，就不会有处处不如人的想法。当看到自己的不足时，不怨天尤人，自暴自弃，而应加倍努力，奋起直追。尤其要克服乱攀比的心态，要善于学习，勇于超越，久而久之，嫉妒心理就会消失。

当今社会是个竞争日益激烈的社会，人际关系愈来愈复杂、微妙。可以说只要是身心健康的人或轻或重地都有嫉妒心理，只不过是有些人易表露，有些人善于掩饰而已。有此心理并非坏事，如果把此问题处理好了，则是一种催人积极奋进的原动力——学会取人之长补己之短。

如果你想成就一番事业，千万要警惕，切莫被列入嫉妒者的行列。那么，应该怎样克服嫉妒心理呢？

1. 正视嫉妒

嫉妒心的产生往往是由于误解而引起的，即人家取得了成就，便误以为是对自己的否定，对自己的威胁，损害了自己的"面子"。其实，这只不过是一种主观臆想。一个人的成功不仅要靠自己的努力，更要靠别人的帮助，荣誉既是他的也是大家的。人们给予他赞美、荣誉，并没有损害自己。如果自己的态度是端正的，却依然是遭到嫉妒，在这种情况下，最要紧的是不怕。嫉妒这东西，也是欺软怕硬，你越怕，越是忧心忡忡地不敢前进，它便越凶。因为怕不但不会感动嫉妒者，反而会给人家提供把柄。当你对嫉妒者置之不理，挺胸阔步走上去时，嫉妒者的气焰反而会熄灭。鲁迅曾讲：对待嫉妒者，最高的轻蔑是无言，而且连眼珠也不转过去。

2. 开阔心胸

一个心胸宽广的人，是不会嫉妒别人的。要使自己有一个比较开阔的心胸，必须不断加强自身修养，使自己从经常产生嫉妒的心理中解脱出来。要多向身边那些性情开朗、心胸开阔的人学习，要不断地在心里告诫自己，不能学小心眼。同时要在生活实际中不断对自己的心胸做测验。有一个人自知他经常出现嫉妒心理，便向一个性情开朗的朋友多次求教有什么方法可以克服嫉妒，那个朋友说，办法十分简单，只要你不去计较，便立即见效。这个人一想，的确是那么回事。后来，他凡是碰上对别人心生不满的时候，就想起朋友的话，便觉得自己不会嫉妒别人了。

3. 正确比较

一般而言，嫉妒心理较多地产生于周围熟悉的年龄相仿、生活背景大致相同的人群中。因此，只有采取正确的比较方法，将人之长比己之短，而不是以己之长比人之短。比的方法对了，烦恼情绪就会少了。嫉妒的起因就是看不惯别人比自己强。如果能集中精力，不断地学习、探索，使自己的知识、技能、身心素质得到不断提高，就可以减少嫉妒的诱因。将自己的闲暇时间填满，自然也就减少了"无事生非"的机会，这是克服嫉妒心理最根本的方法之一。

　　心理学认为,嫉妒是一种不服、不悦、自惭与怨恨交织的复合情绪,它埋在心里折磨自身,表现出来贻害他人。除了注意自身修养外,还应学会自控情绪。可多读一些情操高尚的书籍,多听格调清新的音乐,培养开阔的胸怀。遇事严于律己,宽以待人,自重自爱,与人为善。这样,就可抵御嫉妒的入侵。

驱逐恐惧情绪，可以被环境打败不能被自己打败

具有恐惧情绪的人往往害怕面对冲突，害怕别人不高兴，害怕别人，害怕丢面子。所以在择业时，因怯懦，他们常常退避三尺，缩手缩脚，不敢自荐。在用人单位面前他们唯唯诺诺，不是语无伦次，就是面红耳赤、张口结舌。他们谨小慎微，生怕说错话，害怕回答不好问题而影响自己在用人单位代表心目中的形象。在公平的竞争机遇面前，由于怯懦，他们常常不能充分发挥自己的才能，以至于败下阵来，错失良机，于是产生悲观失望的情绪，导致自我评价和自信心的下降。要掌控你的情绪，就必须端正心态，摒弃恐惧的心理，以一颗健康的心态努力生活。

⊙ 抛弃恐惧心理

对于多数人尤其是心理有恐惧症者而言，与陌生人见面往往产生一些不自在的烦恼。其实胆怯无关乎个性，而往往由于接触的经验不够，进而排斥他人的情形居多。但若能进行自我训练，累积与他人相处的经验，即使无法改变自己的个性，亦不至于以与他人接触为苦。为加强自我的信心，不妨先进行心理建设，常常提醒自己多接触不寻常的人物，借此改变自己的人生观，以及增加人生乐趣。

生活中我们与陌生人会面时所以会感到不安，原因之一便是觉得无话可说——找不出话题的约会的确令人乏味。其实，此种想法并不正确。与陌生人会面的恐惧心态，与第一次尝试没吃过的食物有点相似，大多基于自我保护的心态，所以绝不愿多接触素不相识的人。如此，又怎能了解与人相交的乐趣呢？事实上，因相见而遭受严重挫伤的情形毕竟少之又少，若是因噎废食，让自己过着封闭的人生，岂非得不偿失？所以，放开胆子，与人交往，融入社会，这才是智者之举。

当然，没有人能够完全摆脱怯懦和畏惧，最幸运的人有时也不免有懦弱胆小、畏缩不前的心理状态。但如果使它成为一种习惯，它就会成为情绪上的一种积弊，它使人过于谨慎、小心翼翼、多虑和犹豫不决，在心中还没有确定目标之时，已含有恐惧的意味，在稍有挫折时便退缩不前，从而影响自我设计目标的完成。

生活在现代社会，我们必须摒弃害怕、畏惧的心理，端正心态，以一颗健康有力的心尝试生活，明天才会有更好的开始。

⊙ 轻度恐惧有益健康

正常的恐惧心理可以训练我们应对真正的威胁。这点从野生动物的例子中也可看出。

马里兰州贝色斯达国立卫生研究所的研究员史渥米说："不知天高地厚的小猴子看到蛇，目不转睛地跟它相互瞪眼，通常都不长命；如果母猴教得好，凡事小心谨慎的小猴子，反而不容易早死。"

密西根大学的中古史专家米勒出了一本书——《神秘的勇气》。书中从历史观点阐述了畏惧心理，指出，勇气其实是害怕的幻影，只不过被荣耀化了。

米勒研究了许多英勇武士的背景，结论是："刚猛不是正面的特性，而是负面的特性，缺乏自省能力的人才具备这种特性。"他认为，大部分人都不是刚猛之士，也就是不勇敢、心存畏惧的普通人，只愿面对少许的可怕状况，而不愿不顾一切地豁出去。他说："面对的可怕状况不致造成生命危险的话，我们反而认为具有娱乐效果呢！大多数我们喜欢的娱乐，不就是有一点点危险吗？"

哈佛大学心理系主任卡林说："养成凡事稍微害怕的心理，有个重要的作用：教我们明白四周环境里，有些东西必须十分注意、十分小心。这本领是可以训练的。"

⊙ 恐惧的对象和治疗

恐惧对象可归纳为三类。

1. 广场恐惧症

在1871年创用本症名词时是指有一类病人，一参加公共广场集会或群众性狂欢时，就出现病理性恐惧反应。一旦离开广场后，病情随之消失。以后发现本症患者对商场，大百货公司，登高，仰视高大建筑物，乘坐电梯、公共车辆、过江轮渡，穿过隧道、繁忙的马路，以及走过很长的走廊等都会产生恐惧反应。深入病理心理机制的研究才发现，任何环境如果存在拥挤、封闭，使其感到无法逃脱或回避，皆可导致恐惧发作。因为患者感到进入或留在这些地方，对自己不安全，有生命危险，有发生晕厥或失去控制而无法逃离的可能。因此，广场恐惧症，亦可称为"特殊境遇性恐惧症"。多数在25～35岁时起病，女性多于男性。这类病人初期只对1～2种环境产生恐惧和回避，如乘汽车恐惧时改乘火车旅行尚能适应。只要有人陪伴，甚至与爱犬同行，尚可出门办事。若不及时治疗，随着时间推延，病情逐渐加重，症状泛化，对上述任何场所、环境都产生包围感和威胁性恐惧心理，伴随严重的回避行为，最重时自我封闭在家，整天不能外出。

2. 社交恐惧症

社交恐惧症是指对特殊的人群发生强烈恐惧紧张的内心体验和出现回避反应的一类恐慌症，故又称为"见人恐惧"。这类病人平时不接触人群，见到自己父母等熟悉亲近的人，无恐惧紧张现象。一旦遇到陌生人、异性、上级领导甚至马路上的行人都会恐惧紧张，出现拘束不安、焦虑不宁、手足无措、面红耳赤、心悸出汗、头昏呕吐和四肢颤抖等身心异常反应。同时本人想方设法加以回避，脱离现场，躲避人群，以求减轻心理不安。社交恐惧症如不及时治疗，症状会逐渐发展，恐惧病症日益加重，恐惧对象逐渐扩大，最后发展到不敢外出，拒绝出席一切群体社交活动，内心异常痛苦忧郁，甚至产生消极自杀行为。

3. 单纯性恐惧症

除了对环境和人物恐惧以外，其他都归入本症亚型。临床常见形式有：①动物恐惧。害怕狗、猫、老鼠、昆虫等小动物，不敢碰摸，甚至不敢看，有时连对动物的玩具、图片和影视形象也感紧张恐惧，竭力回避。②疾病恐惧。患者害怕患特殊疾病，例如心脏病、结核病、麻风病、中风或其他不治之症等。对癌症的心理恐惧，则称为"恐癌症"。③其他恐惧。名目繁多的病名，与具体恐惧对象有关，例如见到鲜血恐惧，甚至突然晕厥发作，称为"见血恐惧症"。

恐惧症的治疗方法一般有两种：

（1）药物治疗：药物治疗主要是针对恐惧症所引起的焦虑和忧郁情绪。三环类抗忧郁剂可以减轻广场恐惧症的症状，但停止服药则有较高的复发率。故药物治疗只是一种辅助疗法。

（2）心理治疗：恐惧症的心理治疗主要分为行为疗法和认知疗法。

行为疗法主要采用系统脱敏法。所谓系统脱敏法也称缓慢暴露法，是一种常用的行为治疗方法。其基本原则是交互抑制，即每次在引发焦虑的刺激物出现的同时，让病人做出抑制焦虑的反应。这种反应会削弱，最终切断刺激物同焦虑反应间的联系。采用系统脱敏法治疗恐惧症要求有计划、有目的地指导，鼓励患者去接触使他产生恐惧的人群、事物或情境，即使暂时会产生恐惧，也要忍受和适应，直到恐惧情绪全部消失为止。此法可以在医生指导下进行，也可以进行自我脱敏训练。

认知疗法是通过解释、疏导，告诉患者他之所以对某种物体、情境或人恐惧，是因为他自己主观意念所致。如社交恐惧，就是自己的一种强迫性的消极观念占上风，总担心与别人谈话、交往，别人会嘲笑或看不起自己，不管事实上是否真如此，总觉得很不自在、很尴尬、很恐慌。所以，要消除恐惧症，就要勇敢地面对引起恐惧的事物，学会控制、调节自己的害怕情绪。

⊙ 情绪掌控术　从恐惧中彻底解脱

轻度的恐惧是人的一种自我保护机制，由于恐惧，人在做事时自然会小心谨慎，也就在客观上给人带来一定的安全，从这个意义上说恐惧也是一种保护自我。轻度的恐惧不仅是正常的，并没有什么坏处，而且由于恐惧的存在，人的焦虑情绪也能得到适度的缓解，所以轻度的恐惧不必刻意掩饰和强行战胜，不妨就带着这种恐惧前行。

但是，如果你对什么事情都心存恐惧，做事畏首畏尾，那就要努力克服了。因为恐惧会使你停滞不前，你的目标永远无法实现；恐惧会使你囿于现状，不敢冒险，安于平庸的生活。

亨利·克劳得博士身为一个作家和顾问，在一篇《克服恐惧感》的文章中提到可以采取一些积极的行动来缓解和束缚恐惧感。

1. 多交流

不论你多么恐惧，你都不要一个人扛着，你应该找好朋友和亲人，告诉他们你的恐惧。他们会从旁观者的角度来帮你分析为什么会产生这种恐惧，他们会支持你，鼓励你，帮助你和配合你采取一些有效的行动，从而克服恐惧。

2. 多放松

生活中放松的方法很多，如打太极拳、练瑜伽、散步、郊游等。你也可以试着做做下面这个训练，这种方法叫"渐进放松训练"，是心理治疗中常用的放松方法。首先全身放松，然后把注意力集中在脚趾上，先绷紧该部位的肌肉,坚持一会儿,再放松,体验该部位放松的感觉。接着是小腿、大腿、腹部、臀部、背部、胸部、肩部、上臂、前臂、双手、颈部、面部、头部,循序进行放松。这样把全身各部位都体验一遍,一般这个过程持续15~30分钟,整个身体就会进入一种平时不能达到的放松状态。

3. 多充实

充实你的精神生活,因为在紧急情况下,精神层面上的东西可以给你带来无比的安慰。

4. 多面对

无论哪种方法,都需要你面对自己的恐惧。其实恐惧不是来自外界,而是来自自己内心,你要有意识地去面对和解决自身这些问题。记住要从第一步起逐渐开始。例如你对当众讲话很恐惧,就试着循序渐进地克服,你可以先在几个人面前讲话,再主持小规模会议,慢慢地主持一次股东会议等,就这样把整体的事情分成数个小部分,按轻重缓急一步一步去实行,慢慢就会减少恐惧。恐惧心理本身也存在着一个衰减的过程,强烈的恐惧在4~6周后随着人的心理承受能力的提高而得到逐步缓解。

你如果能坚持进行自我训练,慢慢就会摒弃恐惧心理,最后从恐惧中彻底解脱。

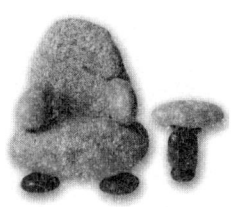

遣散孤独情绪，在寂寞中寻找快乐的天堂

孤独是一杯难咽的苦酒，但无论如何，每个人都必须时时品尝它。孤独并不仅仅指独自生活，也并非意味着独来独往。一个人独处的时候，并不一定会感到孤独；而置身于大庭广众之下，也未必就不会有孤独感的产生。事实上，只要你对周围的一切缺乏了解，只要你和身外的世界无法沟通，你就会体验到孤独的滋味。要掌控你的情绪，就须适时遣散孤独，在寂寞中寻找快乐的天堂。

⊙ 孤独会让你显得格格不入

杜先生今年27岁，过着单身生活。他自称，从17岁开始大约到21岁这个阶段，他感到非常孤独。尤其是在雨天或晚上的时候，他一个人躺在房间里，强烈渴望有一个伴侣。几乎每个晚上他都会不由自主地哭泣。虽然他感觉很痛苦，却不愿家里人觉察到，连哭泣都尽量做得无声无息。

他非常苦闷，总觉得与周围的人格格不入。他觉得许多人素质太差，低俗、自私……而周围的人也同样认为他清高、自负、好表现，而不愿搭理他，经常挖苦他。

杜先生很孤独，他不知道自己该随波逐流呢，还是继续保持独特的个性？他现在远离家乡，在外地城市里做着一份仅够养活自己的工作，没有爱人，也没有朋友，经常发愁，不知道自己的未来在哪里。

有些人常常觉得自己是茫茫大海上的一叶孤舟，性格孤僻，害怕交

往、莫名其妙地封闭内心，或顾影自怜，或无病呻吟。他们不愿投入火热的生活，却又抱怨别人不理解自己，不接纳自己。心理学中把这种心理状态称为闭锁心理，而把因此而产生的一种感到与世隔绝、孤单寂寞的情绪体验称为孤独感。

我们内心的孤独从何而来？为什么有的人身处闹市却觉得已经被世界抛弃，而有的人固然孑然一身却生活得充实而富足？

孤独是由于自己与他人的空间距离或心理距离（后者的作用更重要，随着科学技术的发展，各种通讯手段的应用已经使空间无法成为阻碍人们交流的鸿沟了）而感到交流困难，由此产生的心理障碍，严重者将最终导致抑郁症。

每一个人都是一个独立的个体，都有属于自己的经历、体验和意识。当一个人过于沉浸在自己的意识中，渴望自己的内心被他人理解又发现很难与他人交流的时候，便产生了精神上的孤独。

孤独的人有不同的表现，有的人很自卑，对自己的主观评价过低，觉得别人都将不愿意与自己交流。为了满足自己维护与保全自尊的主观愿望，他们自觉或者不自觉地将自己封闭起来，最终自陷孤独境地。

有的人恰恰相反，很自傲，对于自己的主观评价过于高了，认为身边的人都过于平庸而不配与自己交往，其结果只能是落得个孤芳自赏，陷入孤家寡人的境况。

还有一种人，他们认为自己是弱势的一方，于是在生活的各个方面都"自觉"地认为自己将是受呵护受照顾的，如果缺乏了主动的关心和照顾，他们脆弱和多愁善感的一面便展现了出来，觉得别人都没有理会自己，从而陷入了孤独。

一般来说，人的天性是不能忍受长期的孤独的，但是，有的人自己将自己推到了孤独的境地。

还有一种孤独是有思想的人才能体会的，这种孤独是我们的文明带给我们的。一个人，当他的人性开始萌发、灵魂开始苏醒时便有了希望有人理解倾听的愿望。当人性发展得更丰满，心灵飞舞得更高远的时候，便转为希望一种心灵的默契了，但是，这样的默契实在是可遇而不可求，于是，孤独来到了。这类的孤独是人生的独特景致，可能导致人们深刻的思索、灵感的闪现、认识的飞跃。有思想的人们并不害怕孤独，他们在孤独的风中飞翔得更加高远，去认识人生丰硕壮美的另一片风景。

每个人在一生中都或多或少地体验到孤独感。有孤独感并不可怕，但是这种心理得不到恰当的疏导，就会变得性情孤僻古怪，严重的甚至有可能患上孤独症。

⊙ 孤独是现代人的通病

孤独，这是一个灰色的字眼，好像人人都不愿意惹它。然而孤独又是那样的普遍。在现实生活中，人们或多或少都会有感到孤独的时候。而对有些人来讲，孤独好像如影相随，挥之不去。

一般来说，孤独是一种人们不愿接受的状态，它给人带来的是种种消极的体验，如沮丧、失助、抑郁、烦躁、自卑和绝望等，因此孤独对人体健康有很大的危害。据统计，身体健康但精神孤独的人在10年之中的死亡数量要比那些身体健康而合群的人死亡数多1倍。人的精神孤独所引起的死亡率与吸烟、肥胖症、高血压引起的死亡率一样高。

孤独和孤立的含义是不同的。孤独是个体对自己社会交往的多少和质量好坏的感受。对孤独感的这种界定，能帮助我们理解为什么有些人虽然远离人群，生活却感到非常快乐，而一些人尽管被人群所包围，而且经常与他人交往，却体验着孤独。

毫无疑问，有的人天生就需要独处的时间比别人长一些。而且在跟上匆匆的时代脚步的同时，我们发现会逐渐在各种各样的热潮中迷失自己。下海热，出国热，买房热……我们拼命地赚钱、消费，再赚钱……弄得身心疲惫。什么才是我们所追求的？这时候我们更要能经常保持一份置身事外的旁观者的冷静，才可以知道人生真正的方向。

其实放眼整个人生，孤独本身无所谓好坏，它只是一个无法轻易回避的人生问题和哲学命题。安东尼·斯托尔说："仓促的世界使我们逐渐感到厌倦，相对的孤独是多么从容，多么温和。"在他看来，孤独并不是坏事，因为这样可以使他个人的精神世界不被世俗侵犯，他可以用他愿意的节奏和方式去生活。

孤独并不可怕，可怕的是对什么都没有兴趣。能够热衷于一件事物，不愿把时间浪费在其他任何一件事上的人，他不但不怕孤独，有时反而喜欢孤独。

⊙ 引起孤独的原因

小周是一名大二的学生，她对自己的人际交往总觉得没什么信心。平时在宿舍里总觉得别人的话语是在针对自己，走在路上也觉得别人怀有敌意。她从小在家里就是一个人，孤独惯了，当然也独立惯了，她认为这个习惯在高中给她带来了很多方面的影响，但总的来说是利大于弊，排除了别人的干扰，使得她学习时心无旁骛，所以成绩也十分优秀。但到了大学后她觉得自己开始不适应了，在各个方面学校都要求团队合作，而不只是学习成绩。她觉得自己很难与他人沟通，总是与他人格格不入，总对他人怀有敌意，对自己的事情总是有太多的不平衡感，精神上压力一直很大，自己很痛苦，身边的人们也感觉到很不舒服。

许多有孤独感的人缺乏一些基本的社交技能，倾向于在社交时对他人和自己给予严厉的、苛刻的评价，从而使自己无法与他人建立持久的关系。

孤独感往往是在由于客观条件造成人际交流阻碍的情况下产生的。一位宇航员曾说过，与孤独相比，太空舱生活的种种困难和不便简直算不了什么。可见，每个经历太空生活的人都必须面临孤独的考验。

孤独产生的原因多而复杂，比如事业上的挫折、缺乏与异性的交往、失去父母的热爱、夫妻感情不和周围没有朋友等。此外，孤独的产生，也与人的性格有关。比如有的人情绪易变，常常大起大落，容易得罪别人，从而使自己陷入一种孤独的状态；还有的人善于算计，凡事斤斤计较，考虑个人的得失太重，因此造成了人际交往的障碍。引起孤独的原因大致有以下几点。

1. 对他人和自我的消极评价

孤独的人可能更内向、焦虑，对拒绝反应更敏感，并且更容易抑郁。孤独的人在朋友身上花费的时间少，不经常约会，也很少参加集会，没有什么亲密的朋友。在人际交往时，他们对自己和对方的评价极端消极。

2. 与别人不同的价值观

有的人由于追求道德上的完美，对自己和别人有很高的要求，感到人和人之间的交往掺杂了太多利益方面的关系，甚至觉得世上人欲横流，因而变得愤世嫉俗、洁身自好。他们对趋炎附势、溜须拍马之辈深恶痛绝，深感人情冷漠、流俗卑污，因此远离是非之地、名利之场，生活中尽量与他人保持一定的距离。当屈原感叹"世人皆浊，唯我独清"的时候，他一定体会到了一种强烈的孤独感。

3. 缺乏基本的社交技能

有的人乐意与别人交往，但一旦进行比较重要的而且时间较长的交谈时就会出现困难，缺乏基本的社交技能，更没有机会去训练社交技能，所以，难以有持久的朋友。他们对自己的伙伴不太感兴趣，常常不能对对方所说的话加以评论，也较少向对方提供有关自己的信息；相反，这些孤独者更多的是谈论自己并且常介绍新的与对方的兴趣无关的话题，倾向于扮演一个"被动消极的社交角色"，也就是说，在交谈中不愿付出太多努力。所以，我们常常感到与孤独者交往很乏味。他们不知道这种交往方式是怎样赶跑了潜在的朋友。所以，当别人期望他们多暴露时，他们却暴露得很少，而当别人不期望他们过多暴露时，他们却暴露得太多。结果，在别人眼中他们是冷淡的或不可思议的，别人也据此做出相应的反应。

以下是一些孤独心理的预警级心理活动：

（1）即使在欢快的场合，也很难被当时的气氛感染，仍然认为自己很孤单。

（2）觉得大多数人很难沟通，认为别人都不理解自己。

（3）过于内向，有什么心事没有一个能倾诉的人。

（4）认为人们都各怀鬼胎，不值得信任。

（5）心里很希望别人来接近你，但是自己却不采取主动。

（6）觉得自己是个多余的人。

孤独者因为采用消极的交往方式，并缺乏必要的社交技能，而难以与他人建立亲密的友谊关系。与这些人交往常常让人感到不愉快，于是他们很难建立有助于他们发展社交技能的人际关系，因而难以摆脱孤独。心理学家认为，通过基本社交技能的训练，可以使孤独者走出孤独的恶性循环。

⊙ 情绪掌控术　破除孤独感

虽然孤独是每个人都常有的心理体验，但并不是每个人都能成功地战胜自己的孤独感。有人以喝酒来排遣孤独，有人把时间排得满满当当，让孤独的感觉无处插足。但用这样的方式驱走的是寂寞而不是孤独。孤独是一种思想上、情感上无以沟通、无倚无傍、无人理解与认同的感觉。一方面，这种感觉会让我们心情抑郁、情绪低沉；另一方面，对孤独的体验和玩味也会使我们富有个性、善于思索，走向心理成熟。这就需要我们不断战胜孤独，超越孤独。

孤独是每个人心理成长过程中不时光顾的朋友。从未感受到孤独的人是不健全的。人感受到孤独时一般心情都是低沉的，此时，如能静下心来，细细梳理自己的情感，审视自己的内心世界，在走出孤独的同时，也会伴随着人生的思索和升华。

1. 调整心态

在成长的时代，少年的心灵尤为敏感、细腻和丰富，它渴望被承认、被鼓励、被重视，孤独感往往意味着这些要求没有被满足，这种缺憾终究带来对年轻心灵的伤害。那么少年必须尽快克服孤独，或尽量减少孤独感带来的伤害。做到这一点不能一味等待他人的帮助，而应该调整心态、树立新的思想。

2. 战胜自卑

因为自觉跟别人不一样，所以就不敢跟别人接触，这是自卑心理造成的一种孤独状态。这就跟作茧自缚一样，要冲出这层包围着你的黑暗，你必须首先咬破自卑心理织成的茧。其实，大可不必为了自己跟别人不一样而忧思重重，人人都是既一样又不一样的。自信、自立和自强是战胜孤独的三件法宝。因为自信，你就不一定非从他人那里寻求对自己的肯定；因为自立，你将渐渐具备独立决断的能力，这将使你从柔弱变得坚强；因为自强，你将把更多的精力用在刻苦学习、努力拼搏上，而不是总在考虑孤独这个问题——既然这个问题本就不容易想清楚，干吗不把它先搁置一边？它并不是个大是大非的问题啊！

一旦你走向自信、自立和自强，你的心灵将从浮躁多变转为冷静积极，你将更善于控制自己的情绪和思想。你会发现，父母将欣喜于你的成长，对你的"操心"将渐渐变为"放心"；周围的同学会以佩服的眼光看着你，在许多方面征求你的意见，愿意做你的朋友。这样，孤独感还会存在吗？

3. 与外界交流

独自生活并不意味着与世隔绝。一个长年在山上工作的气象员说，他常常感到有必要把自己的思想告诉人家，可是他身边没有可以倾诉的人，所以他就用写信满足自己的这一要求。当你感到孤独的时候，翻一翻你的通讯录，也许你可以给某位久未谋面的朋友写封信；或者给哪一位朋友挂一个电话，约他去看一场电影；或者请几位朋友来吃一顿饭，你亲自下厨，炒几个香喷喷的菜，这都别有一番情趣。跟朋友们的联系，不应该只是在你感觉到孤独的时候，要知道，别人也都跟你一样，能够体会到友谊的温暖。

4. 为别人着想

跟人们相处时感到的孤独，有时候会超过一个人独处时的10倍。这是因为你跟周围的人格格不入。就跟你突然来到一个语言不通的国度一样，你无法跟周围的人进行必要的交流，你也无法进入那种热烈的气氛里面，你不由自主地觉得自己很孤单，而他们之中那种热烈的气氛更能衬托出你的被冷落。要打破这种尴尬的局面，唯有"忘我"，想一想你能够为人家做点什么，这很有好处。记住：温暖别人的火，也会温暖你自己。

5. 享受自然，走入社会

一些习惯了孤独的人，懂得充分地享受孤独提供给他的闲暇时光。生活中有许许多多活动，都是充满了乐趣的，而孤独使你能够充分领略它们的美妙之处。这种福分，不是那些忙忙碌碌的人可以享受到的。许多有过痛苦经验的人都说，当他们遭到厄运的袭击而又不能够对人倾诉时，他们会不由自主地走到江边去，被清美的江风吹拂着，心情就会渐渐好起来。有一个情感丰富的女孩子说，她常常跑到最热闹的街道上去，她觉得只要置身于川流不息的人流中，就会忘记自己的寂寞。

6. 确立人生目标

也许因为人类早在原始社会就过惯了群居生活，所以现在才有了"孤独"这样一种社会病。人害怕自己跟他人不一样，害怕被别人排斥，害怕在不幸的时候孤立无援，害怕自己的思想得不到旁人的理解……总之是一种内心的恐慌，似乎人类的心灵越来越脆弱了。要想从根本上克服内心的脆弱，最好莫过于给自己确立一些目标并培养某种爱好。一个懂得自己活着是为了什么的人，是不会感到寂寞的；同样，一个有所爱、有所追求的人，也是不怕寂寞的。

第四章
卡耐基教你每天学一点超级自控力

人人都需要自控力

自控力是一种心灵的力量,也经常被认为是一种美德。成大事者都需要很强的自控能力。

一个人应该学会控制自己的欲望。要当真正聪明的人,不妨借鉴富兰克林的特殊训练。

⊙ 自我控制的能力

> 那唯独忽视自我克制的教育,它还比不上只教自我克制这一项的教育。
> ——《人性的弱点》

一位社会心理学家做过这么一个有趣的实验:

让十几位素不相识的人围坐到一张圆桌边,给他们几个很普通的问题,不限时间地讨论。不久以后,他们中间已经自然而然地出现了一个"头",其他人有意无意地认同他的权威并且接受他的建议。这个人以无形的力量影响着别人并让别人不知不觉地服从他。这种力量是一种只可意会不可言传,却又极其清晰、真实、可感的存在。这并不仅仅源于对方的权力地位,更源于一种从强有力的个性中弥漫出来的气场。

很多优秀的人,他们品性各异,气质不同,但身上都有一种共同的东西,那就是能够使周围的气氛、环境被他的言行举止控制住、吸引住的感染力、影响力和威慑力。这种控制与吸引,并不缘于某种夸张激烈的表演性的情绪,而是基于一种明确的自控能力。就像在一个缤纷的晚会上,一

个身着黑色礼服的女子，很静默地便把大家的视线吸引到她身上。而另外一些人，也许他们更博学、更富有、更显赫，但就是没有那种力量感。前者虽然衣着简朴、言语不多，但你马上能在一大群人中强烈地觉察到她磁性般的存在；而后者即便衣着醒目、派头十足，那种千人一面的无力感，还是使他们难免黯淡。

《获取成功的精神因素》的作者克莱门特·斯通对这种神奇的心灵力量有一段精彩的描述：

"一个拥有心灵力量的人，他也许是一位宗教领袖，也许是一位黑带柔道高手，也许是一位白手起家创立起大公司的总裁。他们为了达到现在这个目标，必定早在许多年前，就开始了一个漫长的过程：他们必须全神贯注，放弃许多日常欲望，做出许多牺牲，体验许多挫折的滋味。在这样一个长时期磨炼之后，他们的心灵已经变得非常强劲、坚忍、健全、平衡，这种力量的获得，没有天赋，只有依靠时间的修炼。"

一个人一旦拥有了这种力量，它就如同依附在他身上，成为他的一个组成部分，再也无法被剥夺，因为这种力量并不是外在的权力、地位、财富，而是一种内在的自信、自制、自尊。一个人拥有了这种力量，同时也就拥有了控制这种力量的能力，这就像一个暴发户会热衷于炫耀财富，而成功的大企业家绝不会沉湎于恣意挥霍；一个街头流氓会寻衅滋事，而一个黑带柔道高手却不可能轻易地大打出手——力量与控制这种力量的能力，是在那个漫长的磨炼过程中，同时逐渐获得的另一种财富。

从根本上来说，这种心灵力量就是一种自我控制能力。一个人倘若能够真正地控制自己，也就能控制外界。绝大部分的人都会有共同的人性弱点：怯弱、犹豫、敏感、冲动、懈怠、易变……面对复杂的身外世界，他们往往难以把握自己。他们未必缺乏知识与才能，而是缺乏选择的自信。而一个拥有这种自信、自制力量而不受制于任何外界影响的人，也就自然地成为人们心灵可以依赖的"领袖"。这就是那句古老的格言所说的："一个人，征服了自己，也就征服了世界。"

⊙ 自控力是一种优雅的品质

一切美德都来源于自我控制。一个被冲动和激情支配的人也将会失去全部的道德自由。他会随波逐流，成为强烈欲望的奴仆。

——《成功之道全书》

莎士比亚说："人类能够为尚未发生的事情做好准备，这也是因为人类有着自我控制这一美德。"与其他动物相比，人类单独具有这一美德。

人类之所以优于其他动物，靠的是良好的道德自由。自我控制帮人类控制本能的冲动。物质生活和道德生活也是靠自我控制区分开来的。品格的主要基础也是这种自我控制能力。

在《圣经》中，掠夺成性的强者不会受到称赞，只有对能够支配自己灵魂的人，才会给予高度的礼赞。那些能够控制自己思想和言行的人才是坚强的。要想成为一个圣洁的、有道德的、能够自我节制的人，你就要时刻注意自己的言行和保持纯洁的心灵。

习惯通常决定着一个人的品格。在不同意志力的控制下，习惯可能成为仁慈的主人或是可怕的暴君。也就是说，我们可能是快乐的臣民，抑或是充满奴性的奴仆。习惯可以让我们走向成功或是毁灭。

严格的训练才能培养出良好的习惯。那些流氓无赖和没见过世面的乡村青年，以及很多看上去没有明天的人，他们也能在严格训练后成为坚强勇敢、乐于牺牲的人。只有训练有素的人才会在战场或是如莎拉·桑驰号起火的危难时刻显示出真正的勇敢，他们能够冷静判断，并且表现出英雄般的气质。

性格的形成受到道德训练的重要影响。正常的生活秩序会因为缺少道德约束而变得混乱。正常生活秩序要靠培育自尊意识、进行服从的教育和增强责任感来维持。那些遵纪守法的人一定都是能够自力更生和自我控制的人。道德品质会因他的良好道德训练而变得高尚。克制自己的欲望才能让他的道德变得高尚。他要想不被嗜好所支配或是失去理智，他就必须坚守良心和道德的法则。

郝伯特·斯宾塞说："那些有理想的人类追求的伟大目标就是——严格的自我控制。他们不会受到欲望的左右，也不会被冲动掌控。他们会在深思熟虑后做出行动。道德教育的最终目的就是这样。"

家庭是进行道德教育的最佳地点。学校的作用较为弱一点，社会这个实际生活的大学校作用比学校还要小。道德教育会按阶段进行。一个人过去的道德教育影响着他现在的道德状况。一个缺少严格训练和良好家庭教育与学校教育的人，不但难以获得幸福，甚至还会给社会带来灾祸。

完善的道德教育训练是每个家庭必备的，这种让人难以感觉到的道德训练无处不在。社会的秩序、安全和正义由道德与法律的力量共同维护。品格的基础是靠道德教育形成的，如要融入生活道德教育，就必须形成习惯。

有这样一件事记载在西摩本尼克夫人的回忆录里，说明了严格的家庭教育是非常重要的。故事说道：有位女士同丈夫游历了欧洲大陆，他们参观过许多精神病院。在观察了许多病人后，这位女士认为，大多数精神病人与孩子很相似，就像没长大一样。他们在童年的时候，愿望往往被轻易地满足了——这种情况很少会出现在受到良好自我约束训练的大家庭里。

一个人道德品质的形成在很大程度上受到家庭、性格、健康和早期道德训练的影响，可是起决定性作用的还是个人的自我调节和克制。对于嗜好和习惯，一位优秀教师如此评价道："它们对幸福的影响很大，可是它们可以像语言一样教授给人。"

约翰逊博士也为自己忧郁的气质而苦恼，这是由于不幸的童年生活而造成的。但是他说道："一个人性格的好坏在很大程度上是由个人的意志决定的。"我们能够养成容忍和满足的习惯，同样也会养成喜欢抱怨、贪得无厌的习惯。对于一些很大的幸福，我们可能看得很不重要，可是对于一些不良行为，我们却夸张地进行描述。我们会因此受到细微苦难的摆布而使气质变得病态,可是我们也有机会不受影响,保持开朗的气质。要是我们能够充满希望,乐观向上地看待事物,我们就能如同受到良好习惯影响般健康地成长。约翰逊博士认为:"要是人们都能够去关注事情好的一面,就会获得一笔不断增加的巨额财富。"

⊙ 成大事者皆需自控

> 要想改变世界,那些人必须先改变自己。
>
> ——《成功之道全书》

一个人无论有多么过人的天赋,如果没有自控力,就绝不可能把自己的潜能发挥到极致。

对于法拉第的性格特征,廷德尔教授的描述就如同绘制了一幅精美的图画——一幅自我克制、为科学事业刻苦努力、辛劳付出的图画。法拉第在这幅图画中展现了自己的性格特点,他倔强、脾气古怪、容易冲动,可是也有温和敏感的一面。廷德尔教授说:"他火山般炙热的激情潜藏在温文尔雅的外表之下。他容易冲动,而且脾气也很暴躁。可是他火焰般的激情在高度的自我控制下变成了生命的活力,这股力量没有被浪费,它变成了一束光芒。"

自控的品格存在于法拉第的性格之中。他在投入了全部精力的化学事业上获得了杰出的成就。在科学的探索之路上,他抗拒了所有诱惑。廷德尔教授说:"他父亲是位铁匠,他当过装订工的学徒。他没有选择15万英镑的巨额财产,而是选择了科学事业。最后,他离开人世时,身上没有1分钱。可是,英国科学名人的光荣榜上,40年里都是他的名字独占鳌头。"

安格迪尔,这名历史学家面对拿破仑的政权毫不屈服,他是法国少有的几个不畏强权的文人之一。他贫困潦倒,每天只花最低的消费去买面包、牛奶,维持生活。一位朋友对他说道:"我每天节省一点,是为了讨得征服者欢心，我要在日后送礼给马伦戈和奥斯特里兹。我每天存的钱与你用的钱差不多。你现在如果生病了，就只能靠救济金来过活了。你要想生活下去，也要像其他人那样讨好皇帝啊。"安格迪尔不屈地说道："要是那样的话，不如让我去死！"然而贫困并没有夺走他的生命，他活了94岁。临死前，他说："我这个将死的人依然活力无穷啊。"

这种杰出的自控品格在詹姆斯·奥特勒姆身上也能发现。他是以另一种方式来表达的。他能克制自己有利的生活条件带来的影响，这一品质就如伟大的亚瑟王身上所具有的一般。他一生表现出的高尚精神是所有人都敬佩的。对于某些他不赞同的政策，他不会逃避，依然会尽全力贯彻执行。对于侵略新德地区，他个人不赞同，可是纳皮尔将军认为他带领的部队是做得最好的。征服者在战争结束时无所顾忌地在新德地区进行抢掠。奥特勒姆说："我反对这场战争，对于这场行动，我也是不会加入的。"

哈克洛夫攻打拉克瑙时，他带领一支强大的军队前去支援。此时，他体现出了强大的自我克制能力。他是哈克洛夫的上级，有权担任战场的总指挥，可是他愿意听从这位部下的调遣，让他统领全局。克莱德勋爵说："奥特勒姆大将因此受到了大家的敬仰。他愿意与他人共享这份荣誉。这种品格是多么的崇高啊！"

只有在任何事情上都能够自我控制，才能拥有平和与光彩的人生。人类是不能缺少容忍与克制这两项品德的。理智不能受到脾气的左右。那些坏心情、坏脾气、刻薄的表现和嘲弄他人的行为是要尽量避免的。这些恶习会在人们疏忽大意时乘虚而入，埋藏在我们本性中，甚至控制我们的心灵。

杰出的人物都具有容忍和宽大的品格。茱莉亚·韦奇伍德夫人说："所有精神礼物里最珍贵的就是理性的宽容。"佛朗西斯·霍纳在信中写道："那些直率、冒失和热情的朋友里总会有好的榜样。可是那些意识狭隘、与他人意见往往不合的人，总是挑起是非，毫不在意他人感受，这种人也往往会在政治上与那些局外人说东道西。"我们自己身上可能也有本人无法察觉的怪癖。就像南美一个村落里，人们普遍患有大脖子病，那里的人认为，没得病的才是不正常的人。一次，他们看到路过的一群英国人。"看看那些人的脖子，太小了！"他们如此嘲笑道。

只有尊重他人才能与人和睦相处，从而得到他人的尊重。我们不能苛求别人都拥有与自己一样的处世方式和性格。面对不同品性的人，我们只有拥有宽容的心态才易于与之交往。

人们会因为别人对自己的某项特点或爱好提出意见而苦恼。那些总以自己为出发点考虑问题的人容易心情烦躁，由此导致坏脾气。这种现象在生活中普遍存在，也反映出那些人缺少宽厚仁慈的品德。我们毫无必要为了他人不怀好意的态度而烦恼。乔治·郝伯特说："我们的口无遮拦，最终会害了我们自己。"

画家巴里总喜欢与人争论。一次，他前往罗马，在那里遇到了罗马的艺术家和艺术爱好者，他们对油画与绘画经营问题进行了激烈的争论。他的同乡兼好友埃德蒙·伯克是位胸怀大度的人，他写了封充满感情的信给巴里，信中写道："亲爱的巴里，我不会欺骗你，你要信任我，世界的邪恶可以靠武器来制裁，可是要想与他人相处得更加融洽，就要学会节制、温和与宽待他人，还要能够自我反省。在有些人眼中，这样的行为会显得卑劣，可这才是伟大并且崇高的品格，它会使人变得更加冷静，还会让好运降临在我们身边。对于流言蜚语、欺骗和暴力争端，只有具有了平静的心灵才能从容面对。我们就算不是为了他人而进行和睦的交往，也要为自己的利益考虑，总之友好的关系对我们有利。"

对于自我控制的价值，诗人伯恩斯深有体会，他能把这观点传达给人们，并且让人的内心接受它。可是伯恩斯的自我控制能力在现实中也表现不佳，他经常会不由自主地用刻薄的语言来嘲讽他人。对此，一位传记作家写道："可以毫不夸张地说，他的每一个玩笑都会产生十个敌人。可怜的伯恩斯，他总是放松对自己欲望的控制。他也因此付出了代价，放纵让他堕落，也让他的名声被污损。"

伯恩斯最好的诗篇包括他28岁时写的《一个诗人的墓志铭》。这在人们看来，就好像他对自己人生经历的描写。对于这首诗，沃兹沃斯评价道："他在此作了严肃和彻底的反省。他公开了自己的遗愿。他的忏悔是虔诚、理性而且具有人性的。他就像是一个可以预料到的历史。"这篇诗歌写道："亲爱的读者，留心你的灵魂，仔细观察它。它是在幻想的海洋里游弋，还是消失在杳无声息的夜色里？无论在哪种情况下，对自我控制这条智慧的根本教条要牢记在心。"

酗酒是伯恩斯主要的恶习，他的其他恶习也由此而来。面对酒的诱惑，他无法抗拒，酒精让他的控制力减弱，他的整个品质也由于缺少克制力而不断堕落。可悲的是，他终生都受到酗酒欲望的影响，这种恶习也是现在最流行和最让人堕落的坏习惯之一。

⊙ 学会控制你的欲望

那些细心的人会表现出严格的自律和自我控制，面对邪恶的诱惑，他们总保持着清醒的头脑。他们能在邪恶的时代行善。他们是勇敢无畏的，能从容地面对死亡。

——《快乐的人生》

许多方面都能够体现出自我控制的勇气，可这种勇气只有在真正的生活中才会体现得最真实明了。自私的欲望会控制那些没有自控力的人。那些与他们一样自私的人，也会把他们当成奴隶来使唤。这些人在虚假中生活，人云亦云，对于事情的后果，他们从不去考虑。对于物质享受，他们会拼命地去寻求。他们无法控制欲望，被欲望轻易地征服了，他人的利益也因此被他们损害。他们慢慢开始欠钱不还，最终沦为债务的奴隶。他们道德怯懦并且卑劣，他们没有独立自主的品性。

正直的人不会纹过饰非，他们所探寻的只是真实的生活方式。他们不会靠着别人的救济过活,他们不会超额消费,只花自己能力范围内的钱。他们认为欠钱过活的行为就如同当街行窃一样可耻。

有人也许认为这样说过于严重了,可只有这样才能让人通过最严格的考验。靠他人过活是不正直的行为,这种生活是虚伪的,它被谎言所包裹。乔治·郝伯特有句名言,他说:"欠债与撒谎是一个道理。"这话被许多事实加以验证。霍斯奠格·拉兰监狱有位叫沙夫茨伯的牧师,在年度报告里,他阐述了自己的观点:"对于抢劫罪,我认真研究了那些犯此罪的犯人的性格,得出了结论:他们去抢劫,不是由于无知、酗酒、贫困和富裕生活的诱惑,而是由不诚实导致的不劳而获的欲望引起的。"他认为一切不道德的行为都是由不满的欲望引起的。对于米拉波的名言"伟大的敌人就是那些无关痛痒的道德"是不能相信的,一切高尚品格都需要建立在严格遵守所有道德的基础之上。

那些靠借钱过活的贫困者很少会是过着节俭生活的正直人。对于自己的欲望,如果能掌控得好,就算挣的钱不多,也不会让人陷入贫困之中。能够让进出资金平衡的人,就是富翁。对于那些运到雅典的大量财宝、首饰和价值不菲的家具,苏格拉底这样说:"我不会去奢求这些我看到的东西。"泊瑟斯说:"对于自私,这也不是难以宽恕的事情。在最贫困的生活里,也会有些你我拥有的大笔财富。那些生活必需品是最穷的人才会担心的事。人们要想安排好日常生活,只要学会节俭就够了。"

意志薄弱者的堕落就表现在借债的行为上。他们屈从于诱惑,为此,总是去借钱。可是借债是商业竞争里被加以鼓励的行为,那些借债人希望借此获得最大的利益。一次,希尼·史密斯去拜访新邻居。当地报纸称这位新邻居是有很多贸易往来的人,每个行业都会受到他的影响。可是史密斯先生的拜访让这位邻居有了清醒的认识。他说:"我们也和普通人一样,没有什么过人之处,也遵守有借有还的原则。"

黑兹利虽然不太节俭,但他诚实并且正直。他这样评价那些向人借钱和无法存积财富的人,他说:"浪费钱财的人会把钱花在最先看到的事物上，他们的钱总是不够用。那些借钱的人总是找人借钱，最后被这种本领引向堕落的深渊。"

我们能找到真实的例子，谢里登的事迹就能说明问题。他花钱无度，一没钱就去借，他向每一个信任他的人都借了钱。他也因此在竞选议员时被这些欠债弄得名声扫地。帕默斯顿勋爵说："在他的演讲台前，围满了向他索要欠款的无辜者。"可是谢里登在这窘困的时刻依然取笑他的债权人。这一切被帕默斯顿勋爵看在眼中，他的债权人不会被谢里登得体的举止所迷惑，他们会怀疑他的德行。

人们在那个时代对于钱财问题的道德论调不高，那些挪用公款的行为，都不会受到很大的责难。对于那些挪用公款的追随者，有些政党的首脑往往会给予保护，他们表现出大度的容忍，认为这些人只要不损害他们的利益就没事。然而，这种态度让当地利益被损害，挪用公款的放肆行为更是被加以纵容。

皮纳尔上校在康利沃斯担任爱尔兰总督时期担任军队账目的审计师一职。康利沃斯说："我从小只学到一点有价值的东西，那就是，我需要一个诚实并且正直的人。"

在不侵占公家财物的人当中，卡沁勋爵可以说是第一人。他在位时没有拿过公家1分钱。他的光明磊落遗传给了他的大儿子皮特斯。面对数百万元的巨款，皮特斯丝毫不被引诱。他一生公正清廉，临终之时也是不名一文。对于他的诚实与正直，那些恶毒攻评他的人也不会怀疑。

作为诚实正直的君子典型，瓦特·斯科特是毫无争议的。他的传记写道："他尽自己所能偿还一切与自己有关的债务。他的书稿无法出版，因为他没钱。他已经快到了倾家荡产的境地。可是在他最艰难的时候，他也不去乞求他人的怜悯。他的朋友愿意借钱帮助他还债，可他骄傲地说道：'不需要，我自己会偿还的，靠我右手的努力写作去偿还一切。'他给朋友写了封信，在信中说：'除了清白的名声，我所有的东西都可以失去。'他的身体被过度的工作所影响，可他仍然努力地写作，如机器一样地写作，他在不能动笔时终于成功完成了任务。他还清了所有的债务，以生命健康作为交换，维护了自己的名声，也保全了自己的自尊。"

霍尔上尉说："我认为，面对财产的损失，人们没必要表现得过于烦恼，在人生的众多不幸中，它只是很小的一点罢了。相比而言，失去朋友的痛苦更为强烈。它是如何产生的，这才是问题的关键。要努力去弥补那个灾难造成的后果。这个痛苦要是降临在正直人的身上，那我会真诚地希望他们能够解决问题，能够迅速而圆满地解决。"

斯科特在痛苦、悲伤和家境贫困的时候写下了许多作品，他要靠这些收入来偿还债务。他说："我在欠债时连睡觉都不踏实。现在我终于卸下了这个包袱，我在听到债权人的感谢词后，心情变得舒畅多了。我为自己维护了诚实和正直的信誉而感到非常自豪。我保全清白名誉的道路上充满了黑暗，让人心情压抑，而且显得很漫长。我可能会在痛苦中死去，可是我宁愿伴随着光荣去世。债权人会因为我偿还债务而信任我，我的良心也不会失去。我也只有这样才不会心绪不宁。"

斯科特的欠债因为他努力地工作慢慢减少。他认为，在不久以后就能还清欠款，由此重获自由。他已经难以再写作了，可他还是坚持续写《罗伯特伯爵在巴黎》，他也因此病情加重了，让瘫痪变得更加严重。他已经感觉到自己没有多少精力了，可是他还未丧失掉自己的勇气与毅力。在日记里，他写道："我感觉到了痛苦，很大的痛苦，可是这不是来自心灵的折磨而是来自肉体的伤痛。我想一直这样睡过去就好了。可是我会坚持到死，永不放弃。"

他再次由瘫痪中恢复过来时，他的手指已不再灵巧，甚至都不太受他控制了，可是他还是坚持写作，完成了《危险的城堡》。他在此后去意大利做了最后一次旅行，想让身心得到休息，从疲惫中恢复过来。他在旅行期间去了那不勒斯，在那里他又开始写新的小说，没人能阻止他每天上午几个小时的工作，可是，让人遗憾的是，他最终还是没有写完这部小说。

回到阿伯伏德不久，斯科特就与世长辞了。在归途中，他说道："我去过许多风景名胜，可是那些地方带给我的快乐远不如家乡给的多，在家我才是最轻松愉快的。"他会在清醒时提起自己的成就："我可能是这个时代作品最多的作家。我拥有永不动摇的信念，我有着生命的决心与勇气。这让我能感受到轻松愉快，也能给我带来安慰。"

洛克哈特与他伟大的叔叔斯科特相比，虔诚行为一点也不逊色。他用几年时间写完了《斯科特传》，并因此获得了成功。可是他没有获得1分钱，他都用去还债了——哪怕这些债务与他毫无瓜葛。他之所以写这部传记，是为了纪念这位杰出的逝者。

⊙ 真正聪明的人

> 对于欲望这个暴君，自律、自尊和自控是最为有效的抵御手段。
> ——《成功之道全书》

美国哈佛商学院对120位成功人士进行了调查，发现一个共同的规律，那就是他们都拥有良好的自控力。自控力就是要求一个人学会自己驾驭自己，能抗拒诱惑，在人生的道路上把握好自己的方向。

杰雷米·边沁说："思想只要能被意志力掌控就能走向幸福。要学会发现事情最好的一面。人们会在许多时候浪费大把的时间，在白天开会的等待中让它们白白流走；在晚上，人们也会因为愉快的事情而兴奋得夜不能寐。思维在散步或休息时一刻也不停歇，它可能是有用的，但也可能是无益或是有害的。"

自控力是我们迈向成功的保障。它不仅能让人掌控自己的行为，对于他人的行为，也是能够支配的。我们的生活之路要想更加顺利，自我控制是必需的。它是我们生活大门的钥匙。人们尊重自己时，也会表现出对他人的尊敬。

这个道理也表现在政坛上。那些在政坛上表现出色的人是凭借自己的性格获得了成功，他们的天赋并不是最重要的因素。那些不会变通，缺乏忍耐精神的人是没有自我控制能力的人。这样不能控制自己的人也是无法征服别人的。在一次主题是"首相该具有的重要素质是什么"的会谈上，皮特先生也参与了进来。有人说："首相最应该拥有雄辩这一素质。"另一个人说："应该是学问。"接着有人说："我认为是勤劳。"皮特先生在听后说："对于以上的意见，我有着不同的看法，我认为一名首相最重要的是要能够忍耐。"他说的忍耐就是自我控制。这种自我控制的能力，他自己就做得很好。对于皮特先生，他的好友乔治·罗斯如此评价道："在我与他的接触中，我从没见过他因什么事情而发火。"人们常用慢性的道德来作为忍耐的注解，皮特先生却将他最灵敏的思维、最辉煌的魄力、最迅速的行动有机地融合在慢性道德里，让这些优秀品格成为一个整体。

真正的英雄靠忍耐和自我控制获得完美的品格。这种杰出的忍耐，伟大的汉普顿就拥有过，他的政敌也对他那良好的自我控制能力满怀敬佩之情。在克拉伦敦看来，汉普顿生性开朗乐观，对人有礼，给人以如沐春风般的舒适感觉；他是个非常克制的人，很难有什么事可以让他发怒，他心中装满了博爱；他不会吹嘘；他的品质让人找不出毛病。因为这些原因，他的话是能打动人心的。他有着无人能及的魅力。对于自己的情感，他能很好地控制。

在《杂记》中，厄尔·斯坦写道："在英格兰银行，克里斯马斯多年一直处于重要的职位上。早年，他在财政部出任秘书，之后，他也出任过皮特先生的私人和临时秘书。克里斯马斯做人很有礼貌。他在担任职务期间，从未因别人不断地打扰而发过脾气。在一个比往常更忙的时刻，他依然表现沉着，有条不紊地为一家法院准备着大量的账目，那时，我禁不住问道：'先生，你有什么秘诀吗？'他答道：'我在皮特先生那里工作过，他曾教导我任何情况下都不能发脾气，尤其要注意上班的时候更要学会控制。从早上9点到下午3点，银行里所有的人都会听从这位优秀政治家的话，因此我绝不会在上班时间发脾气。'"

第四章　卡耐基教你每天学一点超级自控力

那些杰出人物对自身的言行都会注意控制。他们不会说些不合时宜的话，一定都是在深思熟虑之后再开口。可是那些缺乏理智的人就做得很糟糕，他们口无遮拦，他们的朋友也因此而离开。所罗门说："明智的人会用嘴表达自己的心灵；而那些愚昧的人，他们的心灵都放在嘴上。"

时常检点自己的言行，就能让我们的生活变得幸福。在有些时候，打人都不如无心的恶语严重。"语言就如同一把锋利的匕首"，这是人们耳熟能详的话。"相较于刺刀的伤害来说，语言造成的伤害更加严重"，法国谚语这样说道。对方会因为你刻薄的语言而倍显尴尬。只有具备了极强的自我控制能力，人们才能把这些恶言驱逐出自己的话语。在《家》这本书中，布雷默夫人写道："那些使人伤心难过的话，它们是上天不准许我们说的话。它对人心的伤害远比刀剑更加厉害，它产生的剧烈痛苦，可能会伴随人的一生。"

说话不顾后果的人里也有智商高的人，那些人往往缺乏耐心，没有自我控制的能力，易于感情用事，思维灵敏但说话刻薄。他们容易受到欢呼和赞美的蛊惑，因而受到自己夸夸其谈带来的无穷伤害，还有因此产生的后患。那些不能控制嘴巴的人中，还有一些可能被提名的政客。边沁说："怎样说一句话，这关系着命运或有可能决定着国家的前途。"所以对自己的思想要尽可能地控制住，那些有着尖锐批评观点的文章，最好还是不要去发表。西班牙有句格言是这样说的："与狮子的利爪相比，一支鹅毛笔会显得更加锋利。"

对于奥利弗·克伦威尔，卡莱尔在谈到他时说："让人觉得遗憾的是他不会把话藏在心里，他也由此成就不了大事。"对于威廉，他的主要政敌是如此评论的："他的话语里，找不到一句妄自尊大的话语，也找不到一句不负责任的话语。"在这一点上，华盛顿也有着一样的表现，他对自己要说的话极为重视。在进行辩论时，他不会为了寻求短期的胜利而恶意攻击他人。那些得到大家拥戴和支持的人，他们是明智的人，他们懂得要在适当的时候保持沉默。

一些经历丰富的人会为自己以前的言论后悔，可是他们中绝没有为保持沉默而后悔过的人。毕达哥拉斯说："只有说话有分寸了才可以不再保持沉默。"乔治·赫伯特说道："要是不能说出合适的话语，那么就明智地保持沉默好了。"利·亨特称圣弗朗西斯·德·沙列斯为"绅士圣人"，这位"绅士圣人"说道："把话全部说出来，还不如保持沉默为好，这就如同一道美味的菜品，要是添加了太多调料，这道菜也就毁了。"拉科德尔，这位法国人总会保留一点自己的意见，他会留些话在心里，说完合适的话之后，他就沉默不语了。他说："演说之后保持沉默是最好的选择。"在合适的时候，一个字也能发挥出宝贵的作用。威尔士有段格言说道："那些有福的人，他们口中的舌头就像金子一样宝贵。"

　　16世纪的西班牙，有位杰出的诗人叫德·莱昂，他的自我控制能力很优秀。他被宗教法庭关在地牢，在那阴暗的地方待了好几年，原因就是他把《圣经》的一部分翻译成了本国语。他出狱后重新当上教授，成千上万的听众来听他出狱后的第一次演讲，他们都对牢里那些奇闻逸事感兴趣。可是德·莱昂是个明智的人，他没有对宗教法庭发表激烈的谴责，他的演讲在柔和的语气下进行，内容只是5年前演讲的延续。

　　可是在某些时候，发泄正当的愤慨也是无可指责的。人们会对错误、自私和残忍心存愤慨。佩斯说："我也知道要愤慨，可是坏人只能得意一时，好人还是比坏人多。我们应该去支持那些坚定并且拥有力量的人。实话实说，有些话，我也后悔曾经说过，因此，我也明白保持沉默是非常重要的行为。"

　　对错误心知肚明的人都能明辨是非。他们会在激情澎湃时发表热情洋溢的演讲。伊丽莎白·卢卡夫人如此写道："我们在高贵心灵的指引下学会了做人的方法。那就是不欠钱、不贪得利益、不欺骗、不干坏事、不去给心灵造成伤害，让自己的心灵变得自由。"

　　要想修正狭隘的脾气，就要不停地增加智慧和获取更多的生活经验。人们要想从无谓的纠葛中脱身，具有良好的修养是必需的。那些公正、理智、谨慎和仁慈地处理日常事务的人，都具有良好的修养。他们对人宽厚，懂得克制自己。一般来说，一个人有多聪明，他对人就会有多宽厚。

⊙ 情绪掌控术　富兰克林的特殊训练

> 一个人要想成功，必须自律，只有控制自己，才能创造未来，走向成功。
> ——《积极的人生》

自控力就是一个人驾驭自己、管理自己的能力。自控力能让我们在人生的海洋中坚定执著地向着自己的目标前进。成功从改变习惯开始，把坏习惯改变为好习惯。苏格拉底说："谁想转动世界，必须首先转动他自己。"

本杰明·富兰克林（1706—1790），美国的缔造者、思想家、科学家，世界公认的伟人。他发明了避雷针，参与了美国独立战争，写出了"自由、平等、博爱"的名言，是《独立宣言》起草委员会委员，《独立宣言》的主要起草人之一。他同时又是作家、画家，并自修法文、西班牙文、意大利文、拉丁文。富兰克林在众多领域做出了杰出的贡献，受到了世界各国人民的敬仰。

富兰克林在79岁高龄时，回顾自己一生所取得的成就，认为最重要原因是受益于年轻时的一种"特殊习惯训练"，他用15页纸写下了这项伟大发明，轰动了美国。他说，他的成功与幸福皆来源于此。原来，年轻时的富兰克林缺乏自我约束，很长时间甚至连工作都找不到。但他渴望成功，经过深刻地思考，发现成功的关键在于养成良好的习惯，在于自制、完善人格。于是，他总结出成功所需要的13种好习惯，然后把它们作为目标，找出自己身上的种种坏习惯，逐一改正。

富兰克林认为，某段时间只专注改变一种坏习惯是有效的，于是他决定一星期只改变一种坏习惯。这样，13种好习惯3个多月就可以训练一遍，每年训练3次。为此，他为自己准备了一本小册子，每天检查所发现的问题，并做好笔记，严格监督、循序渐进。这样经过1年的训练，逐步树立起新的行为模式，成为一个全新的人。

富兰克林为自己列举的13种品德：

（1）节制——食不过饱，饮酒不醉。

（2）寡言——言少于人于己有益，避免无益的聊天。

（3）有序——东西放置有序，做事要分轻重缓急。

（4）决心——当做必做，决心要做的事坚持不懈。

（5）俭朴——用钱于人于己有益，切忌浪费。

（6）勤勉——不浪费时间，做有用的事。

（7）诚恳——不欺骗人，思想纯洁公正。

（8）公正——不做损人利己的事。

（9）适度——避免极端。

（10）清洁——身体、衣服、住所力求清洁。

（11）镇静——勿为小事而惊慌失措。

（12）贞节——切忌房事过度。

（13）谦虚——仿效耶稣和苏格拉底。

终其一生，富兰克林都认为，人生成功秘诀在于自我管理，而自我管理要从两方面着手，一是自我品德管理，二是自我时间管理。为了有效管理时间，他为自己安排了严格的时间表。

清晨5时至7时：起床、洗漱、祷告，规划一天的事务，读书、早餐。在这段时间，要思考的问题是："我这一天将做什么有意义的事情？"

上午8时至上午11时：工作，切实执行订好的工作计划。

上午12时至下午1时：读书或检查账目，吃午餐。

上午2时至下午5时：工作，尚未做完的工作抓紧时间做完，已做完的仔细检查。

晚上6时至晚上9时：整理杂物，把用过的东西放置原处。晚餐、音乐、娱乐，并做每天反省；要思考的问题是："我今天做了什么有意义的事？"

夜间10时至凌晨4时：休息。

习惯造就人生，有什么样的习惯就会有什么样的人生。富兰克林认为，卓越是一种习惯，要让良好的习惯伴随人生，人生才能成功。

 改掉忧虑与抱怨的习惯

有人不知道面对忧虑怎么办，那就忙起来，把忧虑赶走。要知道，概率往往可以战胜忧虑。要适应无法避免的事实，学会为忧虑画出"到此为止"的界线。

⊙ 面对忧虑怎么办

如果我们把忧虑的时间用来分析和看清事实，那么忧虑就会在我们智慧的光芒下消失。

——《人性的优点》

如果想解决那些逼迫我们、使我们像日夜生活在地狱里一般的忧虑问题，我们一定要掌握以下三个分析问题的基本步骤，来解决各种不同的困难。这三个步骤是：

（1）看清事实。

（2）分析事实。

（3）做出决定——然后照办。

太简单了吧？不错，这是亚里士多德教的，他也使用过。我们先来看第一条：看清事实。看清事实为什么如此重要呢？因为除非我们能把事实看清楚，否则就不能很聪明地解决问题。看不清事实，我们就只能在混乱中摸索。这是已故哥伦比亚大学、哥伦比亚学院院长郝伯特·赫基斯所说的，他曾协助过20万个学生消除忧虑。他告诉我说："混乱是产生忧虑

的主要原因。"他说,世界上的忧虑,大多数是因为人们没有足够的知识做出决定而产生的。"比如说,我有一个问题必须在下星期二以前解决,那么在下星期二之前,我根本不会试图做出什么决定。在这段时间里,我只是集中精力去寻找有关这个问题的所有事实,因此我不会忧虑,不会失眠。等到星期二,如果我已经看清了所有的事实,一般来说,问题本身就会迎刃而解了。"

我问赫基斯院长,这是否表明他已完全摆脱忧虑,他说:"是的,我想我现在生活里完全没有忧虑。我发觉,一个人如果能够把他所有的时间都花在以一种很超然、很客观的态度去看清事实上,那他的忧虑就会在他知识的光芒下消失得无影无踪。"

可是我们大多数人会怎样做呢?如果我们一直假定2+2=5,那不是连做一道二年级的算术题也有困难吗?可是事实上世界上有很多人,硬是坚持说2+2=5,或者是等于500,害得自己和别人的日子都很不好过。

对此,我们能怎么办呢?我们得把感情成分摈弃于思想之外,就像郝基斯院长所说的,我们必须以"超然""客观"的态度去认清事实。人们忧虑的时候,往往情绪激动。不过,我找到两个办法有助于我们以清晰客观的态度看清所有的事实:

(1) 在收集事实时,我假装不是在为自己,而是在为别人。这样就可以保持冷静而超然的态度,也可以帮助自己控制情绪。

(2) 在收集造成忧虑的各种事实时,我也收集对自己不利的事实——那些有损我的希望,和我不愿意面对的事实。

然后我把这一边和另外一边的所有事实都写出来——而真理就在这两极的中间。

这就是我要说明的要点。如果不先看清事实的话,你、我、爱因斯坦,甚至美国最高法院,也无法对任何问题做出很聪明的决定。爱迪生很清楚这一点。他死后留下了2 500本笔记本,里面记满了他面临各种问题的事实。

所以，解决我们问题的第一个办法是：看清事实。在没有以客观态度收集全部事实之前，不要先考虑如何解决问题。

不过，即使把全世界所有的事实都收集起来，如果不加以分析，对我们也没有丝毫好处。

根据我个人的体会，先把所有的事实写下来，再作分析，事情就会容易得多。实际上，单是在纸上把问题明明白白地写出来，就可能有助于我们做出一个合理的决定。正如查尔斯·吉特林所说的："只要能把问题讲清楚，问题就已经解决了一半。"

而最重要的是第三步，也是最不可缺少的一步：决定该怎么做。除非我们能够立即采取行动，否则我们收集事实和加强分析都失去了作用，变得纯粹是一种精力的浪费。

威廉·詹姆斯说："一旦做出决定，当天就要付诸实施，同时要完全不理会责任问题，也不必关心后果。（在这种情况下，他无疑把'关心'当作是'焦虑'的同义词）。"他的意思是，一旦你以事实为基础，做出一个很谨慎的决定，就该立即付诸行动，不要停下来再重新考虑，不要迟疑、担忧和犹豫，不要怀疑自己，不要回头看。

我问一位俄克拉荷马州最成功的石油商人怀特·菲利浦，如何把决心付诸行动。他回答说："我发现，如果超过某种限度之后，还一直不停地思考问题的话，一定会造成混乱和忧虑。当调查和多加思考对我们无益的时候，也就是我们该下决心、付诸行动、不再回头的时候。"

你何不马上利用格兰·里区菲的方法来解除你的忧虑呢？

第一个问题——你担忧的是什么？

第二个问题——你能怎么办？

第三个问题——你决定怎么做？

第四个问题——你什么时候开始做？"

第四章 卡耐基教你每天学一点超级自控力

⊙ 忙起来，把忧虑赶走

要改掉你忧虑的习惯，就让自己不停地忙着。忧虑的人一定要让自己沉浸在工作里，否则只有在绝望中挣扎。"

——《人性的优点》

在图书馆、实验室从事研究工作的人，很少因忧虑而精神崩溃，因为他们没有时间去享受这种"奢侈"。

马利安·道格拉斯家里曾遭受过两次不幸。第一次，他失去了5岁的女儿。他和妻子都以为他们没有办法忍受这个打击。更不幸的是，"10个月后，我们又有了另外一个女儿——而她仅仅活了5天"。

这接二连三的打击使人几乎无法承受。这位父亲告诉我们："我睡不着、吃不下，无法休息或放松，精神受到致命的打击，信心丧失殆尽。吃安眠药和旅行都没有用。我的身体好像被夹在一把大钳子里，而这把钳子愈来愈紧。

"不过，感谢上帝，我还有一个4岁的儿子，他教给我们解决问题的方法。一天下午，我呆坐在那里为自己难过时，他问我：'爸，你能不能给我造一条船？'我实在没兴趣，可这个小家伙很缠人，我只得依着他。

"造那条玩具船大约花费了我3个小时，等做好时我才发现，这3个小时是我许多天来第一次感到放松的时刻。

"这一发现使我如梦初醒，使我几个月来第一次有精神去思考。我明白了，如果你忙着做费脑筋的工作，你就很难再去忧虑了。对我来说，造船就把我的忧虑整个冲垮了，所以我决定使自己不断地忙碌。

"第二天晚上，我巡视了每个房间，把所有该做的事情列成一张单子。有好些小东西需要修理，比方说书架、楼梯、窗帘、门把、门锁、漏水的龙头等。两个星期内，我列出了242件需要做的事情。

"从此，我使我的生活中充满了启发性的活动：每星期两个晚上我到纽约市参加成人教育班，并参加了一些小镇上的活动。现在任校董事会主席，还协助红十字会和其他机构的募捐，我现在忙得简直没有时间去忧虑。"

没有时间忧虑，这正是丘吉尔在战事紧张到每天要工作18个小时时说的。当别人问他是不是因那么重的责任而忧虑时，他说："我太忙了，我没有时间忧虑。"

查尔斯·柯特林在发明汽车自动点火器时也碰到这种情形。柯特林先生一直是通用公司的副总裁，负责世界知名的通用汽车研究公司，可是当年他却穷得要用谷仓里堆稻草的地方做实验室。家里的开销全靠他妻子教钢琴的1 500百美元酬金。我问他妻子在那段时间是否很忧虑。她说："是的，我担心得睡不着。可是柯特林先生一点也不担心，他整天埋头工作，没有时间忧虑。"

伟大的科学家巴斯特曾说："在图书馆和实验室能找到平静。"因为在那里，人们都埋头工作，不会为自己担忧。

心理学有一条最基本的定理：不论一个人多聪明，都不可能在同一时间内想一件以上的事情。如果你不相信，请靠坐在椅子上闭起双眼，试着同时去想自由女神和你明天早上准备做的事情。

你会发现你只能轮流想其中的一件事，而不能同时想两件事情。你的情感也是如此。我们不可能既激动、热诚地想去做一些很令人兴奋的事情，又同时因为忧虑而拖延下来。一种感觉会把另一种感觉赶出去。这个简单的发现，使军队的心理治疗专家在战争中能创造这方面的奇迹。

一些从战场上退下来的人常患有"心理上的精神衰弱症"，军医就用"让他们忙着"来治疗。除睡觉外，每一分钟都让他们活动：钓鱼、打猎、打球、拍照、种花以及跳舞等，根本不让他们有时间去回想他们那些可怕的经历。

"职业性的治疗"是近代心理医学所用的名词，也就是把工作当作治病的药。这种方法在公元前500年，古希腊的医生就已经采用了。

第四章　卡耐基教你每天学一点超级自控力

富兰克林时代，费城教友会也用这种办法。1774年有人去参观教友会的疗养院，发现那些患精神病的病人正忙着纺纱织布后很吃惊，他认为病人在被迫劳动，后来教友会的人向他解释说，他们发现那些病人只有在工作时，病情才能真正有所好转，因为工作能安定神经。

著名诗人亨利·朗费罗的妻子不幸烧伤而去世后，他几乎发疯。幸好他有三个幼小的孩子需要照料。父兼母职，他带他们散步，给他们讲故事，和他们一起嬉戏，并把他们父子间的感情永存在《孩子们的时间》一诗里。他还翻译了但丁的《神曲》。忙碌使他重新得到了思想的平静，就像班尼生在最好的朋友亚瑟·哈兰死的时候说的："我一定要让自己沉浸在工作里，否则我就会因绝望而烦恼。"

我们不忙的时候，头脑里常常会成为真空。这时，忧虑、恐惧、憎恨、嫉妒和羡慕等情绪就会填充进来，进而把我们思想中平静的、快乐的成分都赶出去。

对大多数人来说，在做日常工作、忙得团团转的时候，"沉浸在工作中"大概不会有多大问题。可是，下班之后——就在我们能自由自在地享受悠闲和快乐的时候，忧虑的恶魔就会开始向我们进攻。这时候，我们常常开始想，我们的生活中有哪些成就，我们的工作有没有上轨道，上司今天说的那句话是否有"特殊的含义"，或者，我们的头发是否开始秃了……

我们不忙的时候，头脑里常常出现真空状态。每一个学物理的学生都知道，"自然界中没有真空状态"。一个白炽灯泡一打破，空气就立刻钻进去，填上理论上来说是真空的那块空间。

你的头脑空闲下来，也会有东西进去填空。是什么呢？通常都是你的感觉，为什么呢？因为忧虑、惧怕、憎恨、嫉妒和羡慕等情绪，都是由我们的思想所控制的，它们会把我们思想中所有平静的、快乐的情绪都赶出去。

詹姆斯·马歇尔是哥伦比亚师范学院教育学的教授，他在这方面说得很好:"忧虑最能伤害你的时候,不是在你有所行动的时候,而是在一天的工作结束以后。这时你的想象力开始混乱,使你把每一个小错误都加以夸大。你的思想就像一辆没有装货的车子横冲直撞,撞毁一切,直至把自己也撞成碎片。消除忧虑的最好办法,就是让自己忙着干任何有意义的事情。"

世界最著名的女冒险家奥莎·强生15岁时结婚。25年来,她与丈夫一起周游世界各地,拍摄亚洲和非洲逐渐绝迹的野生动物的影片。9年前他们回到美国,到处做旅行演讲,放映他们那些有名的电影。他们在飞往西岸时,飞机撞了山,她丈夫当场身亡,医生们说她永远不能再下床了。可是,3个月之后,她却坐着轮椅发表演讲。当我问她为什么这样做的时候,她说:"我之所以这样做,是让我没有时间再去悲伤和担忧。"

萧伯纳说得很好,他说:"让人愁苦的秘诀就是,有空闲时间来想想自己到底快活不快活。"所以不必去想它。让自己忙碌起来,你的血液就会开始循环,你的思想就会开始变得敏锐——让自己一直忙着,这是世界上最便宜的一种药,也是最好的一种。

⊙ 概率可以战胜忧虑

要在忧虑毁了你之前,让我们看看以前的纪录,让我们根据概率问问自己,我现在担心会发生的事,可能发生的机会究竟有多大?

——《人性的优点》

当我们怕被闪电击死,怕坐的火车翻车时,想一想发生的概率,会少得把我们笑死。

我小的时候,心中充满了忧虑。我担心会被活埋,我怕被闪电击死,还怕死后会进地狱。我怕一个叫詹姆怀特的大男孩会割下我的耳朵——像他威胁过我的那样,我怕女孩子在我脱帽向她们鞠躬时会取笑我,我怕将来没有一个女孩子肯嫁给我……我常常花几个小时在想这些惊天动地的大问题。

日子一年年过去了，我发现我所担心的事情中，有99%根本就不会发生。现在我知道，无论哪一年，我被闪电击中的机会，都只有35‰。而活埋，即使是在发明木乃伊以前的日子里，1 000万个人里可能只有1个人被活埋。

每8个人里就有1个人可能死于癌症。如果我一定要发愁的话，也应该为得癌症发愁，而不该去发愁被闪电击死或遭到活埋。

事实上，我们很多成年人的忧虑也同样荒谬。如果我们根据概率评估一下我们的忧虑究竟值不值得，我们九成的忧虑都会自然消除。

全世界最有名的保险公司——伦敦罗艾德保险公司，就靠大家对一些根本很难发生的事情的担忧，而赚进了数不清的金钱。它是在和一般人打赌，不过被称为保险而已。实际上，这是以概率为根据的一种赌博。这家大保险公司已经有200年的历史了，人的本性基本不会有所改变，所以它至少还可以继续维持5000年。而它只是将你保鞋子的险、保船的险，利用概率来向你保证那些灾祸发生的情况，并不像一般人想象的那么常见。

如果我们查查概率，就常常会因我们所发现的事实而惊讶。比如，如果我知道在5年以内，我就得打一场盖茨堡战役那样激烈的仗，我一定会被吓坏了。我一定会想尽办法去增加我的人寿保险费用；我会写下遗嘱，把我所有的财产变卖一空。我会说："我可能无法活着熬过这场战争。所以我最好痛痛快快地活着。"但事实上，50～55岁，每1 000个人中死去的人数和盖茨堡战役参战的16 3000千名士兵每1 000人中阵亡的人数相等。

一年夏天，我在加拿大落基山区弓湖的岸边遇到了何伯特·沙林吉夫妇。沙林吉夫人是一个很平静、很沉着的妇女，给我的印象是她从来没有忧虑过。一天晚上，我问她是不是曾因忧虑而烦恼过。"烦恼？"她说，"我的生活都差点被忧虑毁掉。在我学会征服忧虑之前，我在自作自受的苦海中，生活了整整11年。那时我脾气不好，很急躁，生活在非常紧张的情绪之下。买东西时我都会发愁——也许房子烧了,也许佣人跑了,也许孩子们被汽车撞死了……我常因发愁弄得冷汗直冒,冲出商店,跑回家去,看看一切是否都好,难怪我的第一次婚姻没有好结果。

"我第二个丈夫是一个律师,很文静,有分析能力,从不为任何事情忧虑。每当我紧张或焦虑的时候,他就对我说:'不要慌,让我好好地想一想……你真正担心的到底是什么呢?我们分析一下概率,看这种事情是不是有发生的可能。'

"记得有一次,我们在新墨西哥州的一条公路遇到了一场暴风雨。

"道路很滑。车子很难控制。我想我们准会滑到路边的沟里去,可我丈夫一直对我说:'我现在开得很慢,不会出事的。即使车子滑到沟里,我们也不会受伤。'他的耐心和镇定的态度使我慢慢平静下来。

"还有一年夏天,我们到落基山区露营。一天晚上,我们把帐篷扎在海拔7 000英尺的地带,突然遇到了暴风雨。帐篷在大风中抖着、摇晃着,发出尖厉的叫声。我每分钟都想:帐篷要被吹垮了,要飞到天上去了。当时我真被吓坏了,可我丈夫不停地说:'亲爱的,我们有几个印第安向导,他们对这儿了如指掌,他们说在山里扎营已有六七十年了,从没发生过帐篷被吹跑的事。根据概率,今晚也不会吹跑帐篷。即使真吹跑了,我们也可以躲到别的帐篷里去,所以你不用紧张。'我放松了精神,结果那一夜睡得很安稳,而且什么事也没发生。

"'根据概率,这种事情不会发生',这句话消除了我90%的忧虑,使我过去这20多年的生活过得十分美好而又平静。"

乔治·库克将军曾说过,"几乎所有的忧虑和哀伤,都是来自人们的想象而并非来自现实。"

詹姆·格兰特回顾自己过去的几十年时,发现自己的大部分忧虑就是这样产生的。每次当他从佛罗里达购买水果(如橘子)时,脑子里常有些怪念头,像:"万一火车失事怎么办?""万一水果滚得满地都是怎么办?""万一我的车过桥时那桥忽然塌了怎么办?"虽然这些水果都上过

第四章　卡耐基教你每天学一点超级自控力

保险，但他仍然担心火车万一晚点，他的水果卖不出去怎么办，他甚至怀疑自己因为忧虑过度得了胃溃疡，因此去找医生检查。大夫告诉他，他没有别的毛病，就是过于紧张了。"这时我才明白了真相。"他说，"我开始扪心自问：'詹姆，这么多年来你处理过多少车水果？'答案是：'大概25 000部车吧。'我又问：'这么多年里有多少次出过车祸？'答案是：'噢——大概有5次。'我接着问：'你知道这是什么意思吗？概率是5‰！那你还有什么好担心的呢？'

"然后我对自己说：'桥说不定会塌的。'又问自己：'过去你究竟有多少次是因桥塌而损失的？'答案是：'一次也没有。'我对自己说：'你为了一座从来也没有塌过的桥，为了5‰的火车失事概率，居然会愁得患上胃溃疡，不是太傻了吗？'

"我发觉自己过去很傻，于是我再也没有为'胃溃疡'烦恼过了。"

埃尔·史密斯在当纽约州州长时，常对政客说："让我们看看纪录。"我们也可以学他的样子，查一查以前的纪录，看看我们这样忧虑到底有没有道理。这也正是当年弗莱德雷·马克斯塔特害怕他自己躺在坟墓里时所做的事情。

"1944年6月初，我躺在奥玛哈海滩附近的一个散兵坑里。我看着这个长方形的坑，对自己说：'这看起来就像一座坟墓。也许这就是我的坟墓呢。'晚上11点，德军的轰炸机开始活动，炸弹纷纷落下，我吓得人都僵住了。前3天晚上我根本没合眼，到第四天还是第五天夜里，我几乎精神崩溃。我知道要是我不赶紧想办法的话，我就会发疯。于是我提醒自己，已经过了5个晚上了，而我还活得好好的，而且这一组人都活得好好的，只有两个受了轻伤。而他们之所以受伤，并不是被德军的炸弹炸到，而是被我们自己的高射炮碎片击中。于是我在我的散兵坑上造了一个厚厚的木头屋顶，使我不至于被碎弹片击中。我告诫自己：'除非炸弹直接命中，否则我死在这个又深又窄的坑里几乎是不可能的。'接着我算出直接命中率不到1‰。这样想了两三夜之后，我平静下来。后来就连敌机袭击的时候，我也能睡得很安稳。"

美国海军也常用概率所统计的数字来鼓励士气。曾当过海军的克莱德·马斯讲过这样一个故事：当他和他船上的伙伴被派到一艘油船上的时候，他们都吓坏了。这艘油轮运的都是高单位汽油.他们认为，如果油轮被鱼雷击中，他们必死无疑。可是，海军单位立即发出了一些很正确的统计数字，指出被鱼雷击中的100艘油轮里，有60艘油轮没有沉到海中。而沉下海的40艘里，也只5艘是在不到5分钟的时间沉没的。"知道了这些数字之后，船上的人都感觉好多了，我们知道我们有的是机会跳下船。根据概率看，我们不会死在这里。"

⊙ 适应无法避免的事实

> 要在忧虑毁了你之前，先适应不可避免的情况。
>
> ——《人性的优点》

对必然的事轻快地接受，就像杨柳面对风雨、水适应一切容器那样，我们也要承受一切事实。

我小时候，有一天和几个朋友在一间荒废的老木屋的阁楼上玩。在从阁楼往下跳的时候，我左手食指上的戒指钩住了一颗钉子，把我整根手指拉掉了。当时我疼死了，也吓坏了。等手好了以后，我没有烦恼，接受了这个本可避免的事实。

现在，我几乎根本就不会去想，我的左手只有4个手指头。

我常常想起刻在荷兰首都阿姆斯特丹一间15世纪教堂废墟上的一行字："事情是这样，就不会是别的样子。"

在漫长的岁月中，你我一定会碰到一些令人不快的情况，它们既是这样，就不可能是别样，我们也可以有所选择。要么，我们把它们当作一种不可避免的情况去接受并适应它；要么，我们让忧虑毁掉我们的生活。

第四章　卡耐基教你每天学一点超级自控力

下面是我喜欢的哲学家威廉·詹姆斯所给的忠告："要乐于承认事情就是如此，能够接受发生的事实，就是能克服随之而来的任何不幸的第一步。"俄勒冈州的伊丽莎白·康黎经过许多困难，终于学到了这一点。

"在庆祝美军在北非获胜的那天，我被告知我的侄子在战场上失踪了。后来，我又被告知，他已经死了，我悲伤得无以复加。在此之前，我一直觉得生活很美好。我热爱自己的工作，又费劲带大了这个侄子。在我看来，他代表了年轻人美好的一切。我觉得我以前的努力，正在丰收……现在，我整个世界都粉碎了，觉得再也没有什么值得我活下去了。我无法接受这个事实，悲伤过度，决定放弃工作，离开家乡，把我自己藏在眼泪和悔恨之中。

"就在我清理桌子，准备辞职的时候，突然看到一封我已经忘了的信——几年前我母亲去世后这个侄子寄来的信。那信上说：'当然，我们都会怀念她，尤其是你。不过我知道你会支撑下去的。我永远也不会忘记那些你教我的美丽的真理，永远都会记得你教我要微笑。要像一个男子汉，承受一切发生的事情。'

"我把那封信读了一遍又一遍，觉得他似乎就在我身边，仿佛对我说：'你为什么不照你教给我的办法去做呢？支撑下去，不论发生什么事情，把你个人的悲伤藏在微笑下，继续过下去。'

"于是，我一再对自己说：'事情到了这个地步，我没有能力去改变它，不过我能够像他所希望的那样继续活下去。'我把所有的思想和精力都用于工作，我写信给前方的士兵——给别人的儿子们；晚上，我参加了成人教育班——找出新的兴趣，结交新的朋友。我不再为已经永远过去的那些事悲伤。现在的生活比过去更充实、更完整。"

已故的乔治五世，在他白金汉宫的房子里挂着下面几句话："教我不要为月亮哭泣，也不要因事后悔。"叔本华也说："能够顺从，就是你在踏上人生旅途中最重要的一件事。"

显然，环境本身并不能使我们快乐或不快乐，而我们对周围环境的反应才能决定我们的感觉。

必要时,我们都能忍受灾难和悲剧,甚至战胜它们。我们内在的力量坚强得惊人,只要我们肯加以利用,它就能帮助我们克服一切。

已故的布斯·塔金顿总是说:"人生的任何事情,我都能忍受,只除了一样,就是瞎眼,那是我永远也无法忍受的。"

然而,在他60多岁的时候,他的视力减退,一只眼几乎全瞎了,另一只眼也快瞎了,他最害怕的事终于发生了。

塔金顿对此有什么反应呢?他自己也没想到他还能觉得非常开心,甚至还能运用他的幽默感。当那些最大的黑斑从他眼前晃过时,他说:"嘿,又是老黑斑爷爷来了,不知道今天这么好的天气,它要到哪里去?"

塔金顿完全失明后,他说:"我发现我能承受我视力的丧失,就像一个人能承受别的事情一样。要是我五个感官全丧失了,我也知道我还能继续生活在我的思想里。"

为了恢复视力,塔金顿在1年之内做了12次手术,为他动手术的就是当地的眼科医生。他知道他无法逃避,所以唯一能减轻他受苦的办法,就是爽爽快快地去接受它。他拒绝住在单人病房。而住进大病房,和其他病人在一起,他努力让大家开心。动手术时他尽力让自己去想他是多么幸运。"多好呀,现代科技的发展,已经能够为像人眼这么纤细的东西做手术了。"

一般人如果要忍受12次以上的手术和不见天日的生活,恐怕都会变成神经病。可是这件事教会塔金顿如何忍受。这件事使他了解,生命所能带给他的,没有一样是他能力所不及而不能忍受的。

我们不可能改变那些不可避免的事实,可是我们可以改变自己。哦,我并不是说,碰到任何挫折时,都应该低声下气,那样就成为宿命论者了。不论在哪种情况下,只要还有一点挽救的机会,我们就要奋斗。可是当常识告诉我们,事情是不可避免的,也不可能再有任何转机,那么,为了保持理智，我们就不要"左顾右盼，无事自忧"。

已故的哥伦比亚大学郝基斯院长告诉我，他曾经作过一首打油诗当作座右铭：

天下疾病多，数也数不清，

有的可以救，有的治不好。

如果还有救，就该把药找，

要是没法治，干脆就忘掉。

没有人能有足够的情感和精力，既抗拒不可避免的事实，又创造一个新的生活。你只能选择一种，或者生活在那些不可避免的暴风雨之下弯下身子，或者抗拒它而被折断。

日本的柔道大师教育他们的学生："要像杨柳一样柔顺，不要像橡树一样挺直。"

知道汽车的轮胎为什么能在路上支撑那么久、能忍受那么多的颠簸吗？起初，创造轮胎的人想要创造一种能够抗拒路上颠簸的轮胎。结果，轮胎不久就被切成了碎条。后来，他们制造了一种轮胎，可以吸收路上所碰到的各种压力，可以"接受一切"。如果我们在多难的人生旅途上，也能承受各种压力和所有颠簸的话，我们就能活得更长久，能享受更顺利的旅程。

如果我们不吸收这些，而去反抗生命中所遇到的挫折的话，我们就会产生一连串内在的矛盾，我们就会忧虑、紧张、急躁而神经质。

如果再退一步，我们抛弃现实社会的不快，退缩到一个我们自己的梦幻世界里，那么我们就会精神错乱了。

"对必然的事，姑且轻快地接受。"这是苏格拉底在公元前399年说的。除了耶稣基督被钉在十字架上以外，历史上最有名的死亡就是苏格拉底之死了。即使100万年以后，人类恐怕还会欣赏柏拉图对这件事所作的不朽的描写——也是所有的文学作品中最动人的一章。雅典的一些人，对打着赤脚的苏格拉底又嫉妒又羡慕，给他定了一些罪名，把他审问之后处以死刑。当那个善良的狱卒把毒酒交给苏格拉底时，对他说道："对必然的事，姑且轻快地去接受。"苏格拉底确实做到了这一点。他以非常平静而顺从的态度面对死亡，那种态度几乎已经可以算是圣人了。

在这个充满忧虑的世界，今天比以往更需要苏格拉底这句话。

在过去的8年中，我专门阅读了我所能找到的关于怎样消除忧虑的每本书和每篇文章。在读过这么多报纸文章、杂志之后，你知道我所找到的最好的一点忠告是什么吗？就是下面这几句——纽约联合工业神学院实用神学教授雷恩贺·纽伯尔提供的无价祷词，一共只有41个字：

请赐我沉静，

去承受我不能改变的事；

请赐我勇气，

去改变我能改变的；

请赐我智慧，

去判断两者的区别。

⊙ 情绪掌控术　为忧虑画一条界线

> 如果我们以生活为代价，付给忧虑过多的话，我们就是傻子。
> ——《人性的优点》

查尔斯·罗勃兹是一个投资顾问，他告诉我说："我刚从得克萨斯州到纽约来的时候，身上只有两万美元，是朋友托我到股票市场投资用的。原以为我对股票市场懂很多，可是我赔得一分也不剩。若是我自己的钱，我倒可以不在乎，可是我觉得把朋友的钱都赔光了是件很糟糕的事。我很怕再见到他们。可没想到，他们对这件事不仅看得很开，而且还乐观到不可想象的地步。

"我开始仔细研究我犯过的错误。下定决心要在再进股票市场前先学会必要的知识。于是,我和一位最成功的预测专家波顿·卡瑟斯交上了朋友。他多年来一直非常成功,而我知道,能有这样一番事业的人,不可能只靠机遇和运气。

"他告诉我一个股票交易中最重要的原则:'我在市场上所买的股票,都有一个到此为止的限度,不能再赔的最低标准。例如,我买的是50美元1股的股票。我马上规定不能再赔的最低标准是45美元。这也就是说,万一股票跌价,跌到比买价低5美元的时候,就立刻卖出去,这样就可以把损失只限定在5美元之内。'

"'如果你当初购买得很精明的话,你的赚头可能平均在10美元、25美元,甚至于50美元。因此,在把你的损失限定在5美元以后,即使你半数以上判断错误,也还能让你赚很多的钱。'

"我马上学会了这个办法,它替我的顾客和我挽回了不知几千几万美元。

"后来我发现,'到此为止'的原则在其他方面也适用。我在每一件让人忧虑和烦恼的事上,加一个'到此为止'的限制,结果简直是太好了。

"我常和一个很不守时的朋友共进午餐。他总是在午餐时间已过去大半以后才来。我告诉他,以后等你'到此为止'的限制是10分钟,要是你在10分钟以后才到的话,咱们的午餐约会就算告吹——你来也找不到我。"

我真希望在很多年以前就学会了把这种限制用在我的缺乏耐心、我的脾气、我的自我适应的欲望、我的悔恨和所有精神与情感的压力上。我常常告诫自己:"这件事只值得担这么一点点心,不能再多了。"

100年前的一个夜晚,梭罗用鹅毛笔蘸着他自己做的墨水,在日记中写道:"一件事物的代价,也就是我称之为生活的总值,需要当场交换,或在最后付出。"

换言之,如果我们以生活的一部分来付代价,而付得太多了的话,我们就是傻子。

富兰克林小的时候，犯了一次70年来一直没有忘记的错误。他7岁时看中了一只哨子，他兴奋地跑进玩具店，把所有的零钱放在柜台上，也不问价钱就把哨子买下了。70年后他在给一个朋友的信中写道："后来，我跑回家，吹着这只哨子，在房间里得意地转着。"他的哥哥姐姐发现他买哨子多付了钱，都来取笑他，"我懊恼得痛哭了一场"。

富兰克林在这个教训里学到的道理非常简单："长大后，我见识了人类许多行为，认识到，许多人买哨子都付出了太多的钱。简而言之，我确信人类的苦难，相当一部分产生于他们对事物的价值做出了错误的估计，也就是他们买哨子多付了钱。"

托尔斯泰娶了一个他非常钟爱的女子，他们在一起非常快乐。可是，托尔斯泰的妻子天生嫉妒心很强，常常窥测他的行踪，他们时常争吵得不可开交。她甚至嫉妒自己亲生的儿女，曾用枪把女儿的照片打了一个洞。她还在地板上打滚，拿着一瓶鸦片威胁说要自杀，吓得她的孩子们躲在房间的角落里直叫。

如果托尔斯泰跳起来把家具砸烂，我倒不怪他，因为他有理由这样生气。可是他做的事比这个要坏得多，他记一本私人日记！这就是他的"哨子"。在那里，他努力要让下一代原谅他，而把所有错都推到他妻子身上。他妻子如何对付他呢？她当然是把他的日记撕下来烧掉。她自己也记了一本日记，把错都推到托尔斯泰身上。她甚至还写了一本小说，题目就叫《谁之错》。在小说里，她把丈夫描写成一个破坏家庭的人，而她自己则是一个牺牲品。

结果，他们把唯一的家，变成了托尔斯泰自称的"一座疯人院"。这两个无聊的人为他们的"哨子"付出了巨大的代价。50年的光阴都消磨在一个可怕的地狱里，只因为两人中没有一个有头脑说"不要再吵了"；只因为两人都没有足够的价值判断力，能够说"让我们在这件事上马上告一段落，我们是在浪费生命。让我们现在就说'够了'吧"。

不错,我非常相信这是获得内心平静的秘诀之一——要有正确的价值观念。

任何时候,我们想拿钱买东西或为生活付出代价,要先停下来,用下面三个问题问问自己:

(1)我现在正在担心的问题,和我自己有何关联?

(2)在这件令我忧虑的事情上,我应在何处设置"到此为止"的最低限度——然后把它整个忘掉。

(3)我到底该付这个"哨子"多少钱?我所付的是否已超过了它的价值?

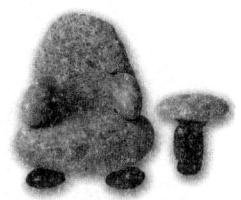

 战胜惰性，每天都要进步

一个成熟的人，绝不会愿意被懒惰所伤害。战胜惰性，努力进取吧。抓住征服惰性的六大关键点，利用好闲暇时间。手脚勤的同时，头脑也要勤。须知，勤奋需要有聪明伴随。

⊙ 别让懒惰伤害了你

> 什么都不干，整天四处晃悠是让人感到最无聊的事。
> ——《成功的12种方法》

懒惰者不可能成就大事，因为懒惰的人总是贪图安逸，遇到一点风险就吓破了胆，他们缺乏吃苦实干的精神，总在等着天上掉下馅饼来。懒惰会吞噬人的心灵，会毁灭人的肌体。

马歇尔·霍尔博士认为："没有什么比无所事事、空虚无聊更为有害的了。"美因兹的一位大主教认为："一个人的身心就像磨盘一样，如果把麦子放进去，它会把麦子磨成面粉，如果你不把麦子放进去，磨盘虽然也在照常运转，却不可能磨出面粉来。"

成功学家塞缪尔·斯迈尔斯说："懒惰、好逸恶劳乃是万恶之源，懒惰会吞噬一个人的心灵，就像灰尘可以使铁生锈一样，懒惰可以轻而易举地毁掉一个人，乃至一个民族。"

伯顿是英国的圣公会牧师，同时是一名学者和作家，他写了《忧郁的剖析》一书。书中有许多特别独到而又精辟的观点，内容虽然有些深奥，

但却十分有趣。约翰逊说只有这本书能让他每天提前两个小时起来，然后读这本书。这本书里有这样的话：懒惰不仅对身体健康不好，还会让人精神不振，最终一事无成。

伯顿说："懒惰是万恶之源，它会助长邪恶的滋生。在基督教七宗罪中，懒惰就是其中之一，它是恶棍们为恶的根源。

"人们会唾弃一条懒惰的狗，那么一个懒惰的人，就别指望别人去正眼看他了。懒惰是极为严重的坏习惯，再聪明的人如果有懒惰的恶习都是非常不幸的，他最终会被懒惰打倒，成为制造恶行的人。懒惰控制着他的思想，在他们的心中劳动和勤劳是没有一席之地的。此时他们的心灵就像是垃圾场，那些邪恶的、肮脏的想法，会像各种寄生虫和细菌一样疯狂地生长，让他们的心灵和思想变得邪恶。"

接着他说："因此，我们可以作这样的总结：不管是男人还是女人，如果让懒惰控制了内心，那么他们的欲望将永远不能得到满足。他们不会有一个忠诚的朋友，他们不会有真正的幸福，更不会有快乐的人生。当他们的某个愿望满足的时候，因为他们的懒惰，他们就会有更高的欲望。他们总是感到烦闷，总是感到不能满足，总是仇视社会上一切美好的事物。他们活在镜花水月般的虚幻和悲伤之中，永远看不到光明，有时候甚至有赶快离开这个世界的悲观想法。"

《忧郁的剖析》这本书的最后一句话，也是这本书最精华之处的集中体现。伯顿在该书的最后说道："绝不能让自己的懒惰，以及由此而生出的消极思想占据我的大脑，这一点我们必须牢牢记着，而且不管什么时候都要严格地遵循这一点。只有这样，你才能拥有真正的幸福和快乐。如果你没有遵循这一点，你就会一蹶不振，走上邪恶的道路。切记：懒惰无论何时都是不可取的。"

懒惰者总是有这样或那样的借口，在贪图安逸、碌碌无为中等待生命的完结。他们只相信运气、机缘、天命之类的东西。看到人家发展了，就说："人家运气好！"看到他人知识渊博、聪明机智，就说："人家有天分。"发现别人德高望重、影响广泛,说:"人家有机缘。"

他们从来看不见别人在实现理想过程中付出的辛劳与汗水,经受的考验与挫折。

塞谬尔·罗米利先生曾在给一位年轻人的信中这样批驳:"我要非常严肃地说,这只是因为你的懒惰,并不是你做不到,不要找那些诸如'自己太忙'这样的理由,那只是一种借口。谁都可以干好自己能干的事情。'自己太忙'成为一些懒惰之人常用的借口,没有做好的话,他们会说这件事他们没有能力做。诸如这样的借口还有——写不出文章,有人会说:'并不是我不愿意写,是因为我没有写文章的能力。'你不想做某个工作或任务,你就说自己做不到,你的借口就是自己无法胜任这项任务。这就是某些人的做事方法和习惯,但其实这就是懒惰,如果大家都这么想的话,那么这个世界就不会发展,只能原地踏步。"

⊙ 不肯上进的人是浪费生命

只要认真对待自己的工作,不管是体力劳动还是脑力劳动,到最后都可以取得丰硕的果实。

——《成功之道全书》

贺瑞斯维拉的哥哥去世了,史齐诺拉侯爵问贺瑞斯维拉:"你的哥哥是怎么死的?"

他回答说:"他死于无所事事。"

"是啊,"史齐诺拉说,"这个死因足以杀死我们所有的人!"

长辈们常常叮嘱我们,年轻的时候要多努力,不然到老了会后悔莫及。不论是今日事今日毕的做事态度,还是未雨绸缪的生活哲学,只要今天的你还有能力和体力,就要把握最佳的状态和时机,把能力尽情发挥。

查尔斯·詹姆士·福克斯做事最勤劳,他总是这样要求自己。

第四章 卡耐基教你每天学一点超级自控力

他在做国务卿的时候,因为很不满意自己的字写得不好,就请了一位善于写字的人来教自己。这之后,他就像个小学生一样,不停地临摹和抄写,终于他的字有了很大的进步。他的身体有些肥胖,很多人都是能不动则不动的,而他却非常喜欢动。他在打网球的时候,总是去捡那些落在地上的球。大家都很奇怪,就问他为什么这么做。他开玩笑地回答道:"因为我勤劳,而且一直都是。"

我们中的绝大多数人都很容易满足于仅仅处理那些日常例行之事,安于现状,不思进取。这是人的惰性使然。惰性让我们忘记了继续前进,以为只要一直按着老办法行事,就会一切太平,这已经使得我们不敢再越雷池半步,不敢大胆地表明自己新的观念,或者在挫折面前采取"一朝被蛇咬,十年怕井绳"的态度。

成功人士都明白,懒惰的习惯必须克服掉。懒惰是人性的天敌,一个人只有战胜了懒惰,超越了自我,才能为事业赢来更多的时间和机会,才会靠近成功。事实上,要想掌控自己的时间和人生,我们就要不断地与惰性做斗争,积极地行动起来。

许多人本来有很高的天赋,然而正是由于惰性而使他们前进的路上布满荆棘坎坷。还有的时候,也许是他们的伙伴有懒惰的习惯,也同样会导致失败。

法国著名的天文学家卡米尔·弗拉马隆就遇到这样一位令人头疼的助手。他的这位助手懒惰而且贪睡,在让他观察星球运动时,他总会睡着。由于助手的失职,使弗拉马隆对星球的观察不止一次遭到失败。

因此在寻找合作伙伴时,我们一定要注意对方是否有惰性,否则等待我们的道路一定不会一帆风顺。

有懒惰习惯的人,往往自以为比较聪明,什么东西一学就会,理想很高,却不愿付诸实践。对于别人的成功,也总是不太在乎,认为自己只要努力做,是不会比别人差的,然而自己却从不肯去努力。

据说在门捷列夫发现元素周期律后,曾引起一些想成名却又懒于动脑筋的年轻人的兴趣。

有一次，一个青年问门捷列夫："您是怎样想到元素周期性的？"

门捷列夫听了，大声笑道："这个问题我研究了20年，已经也不可能会突然想到元素的周期性，这靠的是无数次的实验和若干的经验总结。你认为这是坐在桌子旁边能想得出来的吗？"

我们要牢记，懒惰的人如果不能克服掉惰性，而懒散一生，终无所作为；勤奋的人即使没有特殊的天赋和才能，只要有一股坚忍不拔的勤奋精神，亦能体会到成功的喜悦。

1869年，斯坦利勋爵出任格拉斯哥大学校长，他在就职典礼上作了一篇很让人感动的演讲："一个碌碌无为的人，不管有多么响亮的名声，也不管他有多么良善，他都不会，也不可能得到真正的幸福。因为，没有劳动的生活就不是生活。我从你做了什么当中，就能知道你大体是什么样的人。一个有着良好品德的人要热爱自己的工作，只有这样才能抵御各种和懒惰有关的思想侵蚀。而且，也只有热爱劳动、尽职尽责才能摆脱自私自利带来的许多烦恼。有人认为'躲进小楼成一统'，就能够不被外界的俗事所干扰了，自己就能一个人生活了，也就会没有烦恼和不幸了。但是，许多'隐身于世外'的人说，即使隐居也同样有烦恼，而且也同样需要辛苦的劳动。"

他说："总想躲避烦恼的人，烦恼和忧愁反而会越来越多。懒惰的人总想做轻松一些、简单一些的事，他们希望自己做的事既不费力又不劳神，但是上帝是公平的，他总不让这些懒惰的人成功，它甚至会把轻松、简单的事变得不容易做。那些懒惰而又自私的人，总有一天会意识到上帝对他的惩罚，上帝不会放过那些没有责任的懒人。这种人的脑子里全是自私自利、卑劣而又庸俗的想法，从来没有公众的品性。由于自私的世界观已经在他们的大脑里形成，以至他们那原本可以形成的正确世界观已经荡然无存，各种各样的私欲已经腐蚀了他们。许多不求上进的人，就这样浪费了自己的一生。"

第四章　卡耐基教你每天学一点超级自控力

⊙ 利用好闲暇时间

> 我为我的人生努力过，现在能够安然地离开这个世界了。
>
> ——《成功之道全书》

对生活充满热情的人不会让懒惰来主宰自己，他们永远也闲不住。勤劳的人永远不会活在无聊的时间里，他们会好好地利用每一分钟，总能在没事的时候找到新的工作。而那些懒惰的人则恰恰相反，只会眼睁睁地看着时间慢慢流过。

英国宗教诗人乔治·赫伯特说："我的世界是忙碌的，几乎没有闲着的时候。"

培根也曾说："很明显，勤奋的人一般是没有什么空闲的时间，他们也希望能抽空休息一下，谁也不能一直工作，但他们除了一些必需的休息外，从来不过多地休息。"

历史上很多勤奋的人在自己"闲暇的时候"创作出许多伟大的作品。他们认为，做点事情总比无所事事地浪费光阴要好，因此他们不会浪费一分一秒的时间。

很多人从事的工作是机械而又重复的，这样的职业是有一些压力的，还有其他一些从事有压力职业的人，在劳动之余如果能有一点别的可供娱乐的事来做，是可以大大缓解人的疲劳和辛苦的。幸福和快乐并不一定是你劳动的成果，而是你劳动的过程。

求知的欲望让有些人的兴趣很广泛，因此精力旺盛而又具有智慧的人在工作之余，还会搞一些自己喜好的"副业"。他们的业余爱好，有的是关于科学方面，有的是艺术方面。其中一些人会从事文学创作，从事这样高雅的业余爱好的人不但是高尚的，而且也是真正幸福的人。

历史上，许多著名的政治家、军事家都会利用闲下来的时间，从事文学创作和研究，而且他们的努力也结出了不俗的成果。凯撒在戎马倥偬的岁月里写下了很经典的《高卢战记》；古希腊将领色诺芬，在多年的军旅生涯中写下了《远征记》《希腊史》和《回忆苏格拉底》等作品。凯撒和色诺芬的作品行文通晓流畅，风格独特，获得后世的一致好评，而他们也因此被誉为文学大师。

许多法国政治家也都把文学当作自己的"职业"。法兰西第二共和国时期（1848—1852）的政治家托克维尔，被选为制宪会议议员，同时他还任宪法起草委员会委员。但这些和他下面的成就比，都不算什么，因为他创作了《论美国的民主》和《旧制度与大革命》等作品。

著名的历史学家梯也尔（1797—1877）曾任法兰西第三共和国总统，他同时也写下了《法国革命史》和《执政府和帝国史》等作品。

法国君主立宪派领袖基佐曾任教育大臣、外交大臣、首相等职，这位著名的历史学家著有《欧洲文明史》和《法国文明史》等。政治家拉马丁有诗作《沉思集》。

拿破仑三世也有作品，他的《凯撒传》在学院派中也是不得不提的作品。

法国如此，英国许多伟大的政治家也很喜好文学。

英国辉格党下院领袖、外交大臣福克斯，在退休之后开始研究古希腊和罗马文学，而英国首相皮特在任职到期后也做了这样的工作。在研究希腊文学方面，英国联合政府首相、内务大臣和外交大臣格伦维尔称，皮特是最负盛名的人之一。坎宁和韦尔兹利离任后，开始翻译古罗马诗人贺拉斯的作品。众所周知，坎宁极为喜爱文学。一次在吃饭的时候，饭桌上的其他人都在一边吃饭一边聊天，而坎宁和皮特在小客厅中谈论古希腊文学的代表人物。和皮特一样，福克斯也很喜欢古希腊文学，并著有《詹姆斯二世的历史》，这本书尽管不是很完美，但还是很有价值的。

还有许多人和他们一样，在从政的同时搞文学创作，并从中得到了极大的满足和快乐。这些从政的人不可能一辈子从政，不过他们却可以随时去研究文学，只要他们有兴趣就可以。有趣的是，有些政治家在从政的时候可能会因为政见不合而势不两立,但是他们在文学方面有时候却会有一样的看法。比如,他们都喜欢荷马和贺拉斯诗。

现在我们这个时期的德比郡的郡长,在他退出政坛后,写了一部著名的《伊利亚特》改编剧本。郡长曾作过很多次演讲,但没有人能记得那些演讲,却对他的这个改编剧本很感兴趣。英国自由党领袖格莱斯顿4次出任首相,但他仍然利用闲暇的时间写出了著名的《荷马和荷马时代研究》。不仅如此,他还编辑出版了《法利利的罗马国家》的译本。保守党领袖迪士累利先生是英国首相,他在离休之后写了《洛泰尔一世》,这一作品可谓万世传诵。

除此之外,英国首相罗素是个政治家,但同时也算得上一个真正的小说家,同时他还是一个很有成就的历史学家。诺曼底侯爵也是一位小说家,而且是一个资格很老的小说家。利顿勋爵把文学创作当成是真正的职业,反而把自己的工作——从政看作是消磨时间的"一件小事"。

⊙ 手脚勤头脑也要勤

真知灼见,首先来自多思善疑。

——《成功的12种方法》

成功是"想"出来的。只有敢"想"、会"想",善于思考,才会是成功者的候选人。青年人,应该善于思考,敢于承担。当别人失败时,你如果可以从他人的失败中得出正确的想法,并付诸行动,你就可能成功。当自己失败时,能够转换到一个正确的想法上,再付诸行动,你同样可以获得成功。

如果你想要少做事,那么就一定要多思。当然,如果你的思考本来就是错误的,那再多的思考也是无益。你的思考一定要具备高质量、积极向上并具有创造性。

平庸的人往往不是懒得动手脚，而是不爱动脑筋，这种习惯制约了他们的发展。相反，那些成大事者无一不具有善于思考的特点，善于发现问题、解决问题，不让问题成为人生难题。可以说，任何一个有意义的构想和计划都是出自思考。一个不善于思考的人，会遇到许多举棋不定的情况；相反，正确的思考者却能运筹帷幄，做出正确的决定。

作为法国一家大纺织集团总裁的奥玛克·泰勒，无论多忙，他每周总会到一个宁静的地方待两天。他说，面对繁重的工作和激烈竞争的纺织业市场，他作为管理者，不能把精力浪费在繁琐的小事上，他必须在专门的时间去思考，以做出具有战略意义的决策。

从上面的例子我们可以看出，成大事者不善于思考是不行的。只有专注地思考才能集聚自身的力量、勇气、智慧等去攻克某一方面的难题，才能取得良好的效果。

所有计划、目标和成就，都是思考的产物。你的思考能力，是你唯一能完全控制的东西。你可以以智慧或是以愚蠢的方式运用你的思想，但无论怎样运用它，它都会显现出一定的力量。没有正确的思考，你不可能克服坏习惯，也防止不了挫败。

一个人要想做出一番特别的大事，必须善于思考，多向自己提问。青年人要成就大事，首先得先思考你的事业，思考你自己，向自己问问题，只有养成了这样的习惯，在事业的开创过程中，不断地思考自己，思考自己所做过的、正在做的和将要做的事情；不断地向自己提出问题，看看哪些是需要弥补的不足之处，哪些是应该改正的错误之处，哪些是该向人请教的不明之处……只有这样，才会不断前进，走向成功。

向自己或别人提出迷惑不解的问题，可能使你获得丰厚的报酬。这种方式曾经导致了世界最伟大的科学发现之一。

我们都知道这样一个故事：从前一个年轻的英国人在他家的农场里度假休息，他仰卧在一棵苹果树下思考问题，这时一个苹果掉到了他头上。

"苹果为什么会朝下落呢？"他问自己。这个年轻人就是牛顿。从此他对这个问题进行了不懈的研究,终于发现了万有引力定律。

任何刚开始创业的青年人,都要养成的最有价值的习惯,就是在下决心之前,一定要对自己多发问,注意整理自己的思路。这可以让人有机会来合理地整理自己的思绪,或回想自己为什么或怎么会有这种决定,这个过程虽然看起来简单,但却会在处理问题的过程中收到实效。

积极思考是现代成功学非常强调的一种智慧力量,如果做一件事不经过思考就去做,那肯定是鲁莽的,也是会栽跟头的,除非你特别幸运。但幸运并非总是光顾你,所以,最稳妥的办法是三思而后行。

思考习惯一旦养成,就会产生巨大的力量。爱因斯坦非常重视独立思考,他说:"高等教育必须重视培养学生具备会思考、探索的本领。"人们解决世上所有问题用的是大脑的思维本领,而不是照搬书本。

⊙ 勤奋需要有聪明伴随

> 成长的速度除了取决于努力、坚持、勇敢以外,更需要去选择正确的方法。
>
> ——《成功之道全书》

告诉你一个既可以多一些时间享受生活,又可以获得最佳业绩的好方法,那就是聪明地做事,而不是单纯地努力。聪明地做事意味着你要学会动脑。

自古房子出售,都是先盖好房再出售,对此,席尔维斯特反复问自己:"先出售,后建筑不行吗?"正是由于这一顿悟,使他摆脱了束缚,迈出了由一介平民变为亿万富豪的传奇般的创业之路。席尔维斯特是英国立倍建筑置业公司的创办人。在英国居民眼中,他是个"奇特的发迹者"。"白手起家,短期发迹""无端发达""轻而易举""一举成功"等,这些议论将他的发迹蒙上了一层神秘的色彩。席尔维斯特的发迹真的神秘吗？不，他主要是运用了"先出售、后建筑"的高招，而这一高招来自他的思考。

在生活中，勤奋当然是必不可少的，这是一种优秀的品质，但要想获得成功，最大化地体现你的人生价值，就要多思考，无论看到什么，都要多问为什么，把思考变成自己的习惯。

辛苦工作与轻松创造是不相匹配的。和那些鼓吹辛苦工作的人不同，聪明的成功者知道，与长时间地辛苦工作相比，重要的、具有想象力的付出能产生令人印象深刻得多的经济效益和个人满足感。选择成为一个聪明的成功者，你就要多动脑、多思考，这样方能创造出更多的业绩、更多的辉煌，才能成为一个顶尖人物。

成功者之所以成功，就在于选好了属于自己的位置；失败者为什么失败，只因为他可能一生都在从事自己不擅长的事务，以致天赋全被埋没。

有一位畅销书作家说："我比别人好一点就是我的吃饭问题和我的理想是统一的，不像有些人，与爱好是断裂的。比如说我现在爱好的是文学，我整天却给人跑推销，理想和吃饭问题老是割裂，产生一种痛苦。我的好处就是30多岁开始就统一了，是理想，同时也是生存之道。这一点恐怕是一生比较幸运的地方。"

人生总有一个最适合你的位置，它能让你的才能发挥得淋漓尽致。让你置身其中，即使忙忙碌碌也会不知疲倦，即使面对千难万险也不会想到退缩。

人的兴趣、才能、素质也是不同的。如果你不了解这一点，没有把自己的所长利用起来，你所从事的行业需要的素质和才能正是你所缺乏的，那么，你将会自我埋没；反之，如果你有自知之明，善于设计自己，从事你最擅长的工作，你就会获得成功。

这方面的例子实在是太多了。

阿西莫夫是科普作家的同时也是自然科学家。一天上午，他坐在打字机前打字的时候，突然意识到："我不能成为第一流的科学家，却能够成为第一流的科普作家。"于是，他几乎把全部精力放在科普创作上，终于成了世界最著名的科普作家。

伦琴原来学的是工程科学，他在老师孔特的影响下，做了一些物理实验，逐渐体会到，这就是最适合自己干的行业，后来果然成为一名有成就的物理学家。

希望大家能够记住这一点，不管你从前是怎样评估自己的身价的，只要你能稍稍改变一下内心的想法，就能够彻底改变自己的人生！

对你而言，现阶段最重要的不是在你既有的能力上再加入一些新奇的力量，而是如何将你现在所拥有的能力百分之百地活用发挥。

这个道理就好比我们将砂糖加入咖啡中，如果不搅拌均匀的话，即使加了再多的糖喝起来依然是苦涩的。所以，只要不停地反复思考，必能将你现在所具有的能力价值发挥无遗。

爱迪生在校学习时，老师认为他是一个愚笨的孩子，经常责怪他，而爱迪生的母亲却发现了自己儿子爱探究的天赋，用心培养他，后来他终于成了发明大王。

三百六十行，行行出状元。但其"状元之才"之所以能够崭露头角，为世人称颂，就是因为选择了适合自己的位置。所以爱默生说，人生的成功之本就在于勤奋加上聪明。

⊙ 情绪掌控术　征服惰性的六大关键点

不停地劳作能让你的生命永远年轻。

——《成功之道全书》

著名哲学家罗素说："真正的幸福绝不会光顾那些精神麻木、四体不勤的人，幸福只在勤劳和汗水中。"

如何完成任务和克服惰性这样一个重要话题，我们可以通过以下六个步骤来完成。

1. 承认辛苦的代价，看重愉快的结果

大多数人产生惰性、延误工作的主要原因是因为要付出代价，让我们多少感觉有些辛苦，哪怕只有一点。就像我们都喜欢干净的厨房，但洗碗又是一件讨厌的事，渴望成果却不愿意忍受痛苦的过程。肯定结果是需要付出代价的，就是一个好的开端。

2. 提高对辛苦的承受能力

每个人对辛苦都有一定的承受能力，并且都可以一点一点地将其提高。一个好办法就是从小事和相对简单的事情做起，循序渐进，慢慢提高对"辛苦"的接受程度。

3. 从小事做起

勿以善小而不为。当你知道有什么小事需要你马上去做时，立刻就去做，一分钟也不要耽搁。要善于从做小事情上积累经验，以增其所不能。

4. 大事化小

当你已经可以克服小的阻碍完成工作后，只要学会把分量更重的工作划分成很多小的部分，一部分一部分完成，大的困难也就不在话下了。不过，要确认这些小的部分的确有意义，而不是找借口拖延时间。

5. 不要计划太多，马上动手做

不要花太多时间整理和规划，只着眼于整体会让你看到做这件事多困难、多辛苦，你应该找出可以付诸行动的小的突破点，马上开始行动。没有什么大事是一蹴而就的，总是攻破一个一个小困难，获得最后的胜利。你的任务就是找到下一步能马上开始做的事情。

6. 不要害怕浪费时间

另一个让很多人束手不前的原因是害怕浪费时间，好像没有把什么事情都安排好就没法开始。其实，只要开始做就不可能是完全的浪费，哪怕失败也是有价值的，从失败中我们可以获得很多经验。最重要的是，在尝试中，我们除了获得失败，还能获得成功。

我们对自己时间管理的水平高低,会决定自己事业和生活的成败。如何根据自己的价值观和目标去管理时间,更有效地安排自己的工作计划,掌握重点,合理有效地利用时间?让时间利用得更有价值,一定要学会制订符合"时间管理"原则的计划:

(1)要知道什么最重要,不要穷忙、瞎忙、无心的忙。

(2)对不可控制的时间先行控制,并制定处理原则。

(3)养成事先规划时间的习惯,依事情的轻重缓急,优先顺序,妥善安排。

(4)定期研讨工作内容与时间安排,想想如何改进并提升效率。

(5)心无旁骛地在一段时间内解决和处理好一件事情。

(6)有效运用每天的黄金时间。

时间是财富之源,"时间就是金钱"的观念早已深入人心,合理利用时间才能创造更多的财富。

把拖延从思想中赶走

拖延让你的梦想成空,拒绝拖延,就能提高你的效率,决定了就立刻去做,无须过分做准备工作。列出你的行动计划吧,且听听斯迈尔斯的忠告。

⊙ 拖延让梦想成空

> 只有行动才是最真实的,任何伟大的设计和理想,其最终的实现必然要落到行动上。
>
> ——《成功的12种方法》

大多数的人,在开始时都拥有很远大的梦想,但因为缺乏立即行动的个性,梦想开始萎缩,种种消极与不可能的思想衍生,甚至就此不敢再存任何梦想,过着随遇而安、乐于知命的平庸生活。这也是为何成功者总是少数的原因。

有的人能在瞬间果断地战胜拖延,积极主动地面对挑战,而有的人却深陷"拖延"的泥潭,自己被主动性和惰性拉来拉去,不知所措,无法定夺,时间就这样被一分一秒地浪费了。

美国历史上著名的总统林肯,小时候生长在偏远的乡村丛林边,他居住的一所地处旷野的简陋的小木屋,无窗无门,远离学校、教堂、铁路,那里没有报纸、图书,甚至连日常生活的必需品都很匮乏,更谈不上生活中的种种享受了。每天他必须步行几个小时到"邻近"的另一处简陋的学校里去念书,他必须在荒野中跋涉几十里才能借到一些他想看的书。然

后，不顾一天的艰苦劳累，借着木柴的火光阅读。然而，林肯从不消极地等待机会，就是在这种严酷的生活环境中，造就了美国最伟大的总统。

很多时候，消极等待，是对生命的一种浪费；而拖延，则是成功的最大杀手。

很多人都有拖延的习惯。清晨，闹钟把你从睡梦中惊醒，想着自己所订的计划，同时却感受着被窝里的温暖。一边不断地对自己说该起床了，一边又不断地给自己寻找借口——再等一会儿。于是，在忐忑不安的挣扎之中，又躺了5分钟，甚至10分钟。

有一个幽默大师曾说："每天最大的困难是离开温暖的被窝走到冰冷的房间。"他说得不错。当你躺在床上认为起床是件不愉快的事时，它就真的变成一件困难的事了。即使简单的起床动作——把棉被掀开，同时把脚伸到地上的自动反应——都可以击退你的恐惧。

那些大有作为的人物都不会等到精神好的时候才去做事，而是推动自己的精神去做事。

"现在"这个词对成功的妙用无穷，而用"明天""下个星期""以后""将来某个时候"或"有一天"，往往就是"永远做不到"的同义词。有很多好计划没有实现，只是因为应该说"我现在就去做，马上开始"的时候，却说"我将来有一天会开始去做"。

理查德和罗恩是从同一个地方考到大学来的，他们住在同一间寝室里，两个人的感情非常好。他们约定，一定要一起读到博士研究生。

大学毕业的时候，两个人分别去了两处待遇非常优越的公司。其中理查德仍然坚持读书，准备应考，罗恩却认为应该工作几年，等有了一些积蓄再说。

过了几年，理查德考取了硕士研究生，罗恩也薄有资产。两人见面时，说起当年的理想，理查德劝罗恩继续读书，可是罗恩说，等结了婚再说吧！

又过了几年，理查德博士毕业后，去了国外。

又过了几年,理查德学成归来,在一所知名的大学里当上了博士生导师,成为这所大学里的学术带头人。

而罗恩呢,还在从前那家公司十年如一日地工作着,早就失去了继续深造的勇气。

理查德非常痛心地说,罗恩很聪明,如果是他们两个人一起读书的话,今天成为学科带头人的一定是他,而不是自己。

我们要想尽一切办法不去拖延。最好的办法是逼迫法,也就是在知道自己要做一件事的同时,立即让自己动手,绝不给自己留一秒钟的思考余地。

人人都认为储蓄是件好事。虽然它很好,但是并不表示人人都会依据有系统的储蓄计划去做。许多人都想要储蓄,但不是每个人都能真正做到。这里是一对年轻夫妇的储蓄经历。

毕尔先生每个月的收入是1 000美元,但是每个月的开销也要1 000美元,收支刚好相抵。夫妇俩都很想储蓄,但是往往会找些理由使他们无法开始。他们说了好几年:"加薪以后马上开始存钱。""分期付款还清以后就要……""渡过这次困难以后就要……""下个月就要……""明年就要开始存钱。"

最后还是他太太珍妮不想再拖。她对毕尔说:"你好好想想看,到底要不要存钱?"毕尔说:"当然要啊!但是现在省不下来呀!"

珍妮这一次下决心了。她接着说:"我们想要存钱已经想了好几年,由于一直认为省不下,才一直没有储蓄,从现在开始要认为我们可以储蓄。我今天看到一个广告说,如果每个月存100美元,15年后就有18 000美元,外加6 600美元的利息。广告又说,'先存钱,再花钱'比'先花钱,再存钱'容易得多。如果你真想储蓄,就把薪水的10%存起来,不可移作他用。我们说不定要靠饼干和牛奶过到月底,只要我们真的那么做,一定可以办到。"

他们为了存钱,起先几个月当然吃尽了苦头,尽量节省,才留出这笔预算。

现在他们觉得"存钱跟花钱一样好玩"。

想不想写信给一个朋友？如果想，现在就去写；有没有想到一个对于生意大有帮助的计划？马上就开始；如果你时时想到"现在"，就会完成许多事情，如果常想"将来有一天"或"将来什么时候"，那就一事无成。

梦想是成功的起跑线，决心则是起跑时的枪声。行动犹如跑步者全力的奔驰，唯有坚持到最后一秒的，方能获得成功的锦标。

⊙ 拒绝拖延，提高效率

紧驱他的四轮车到星球上去的人，倒比在泥泞的道上追踪蜗牛行迹的人，更容易达到他的目标地。

——《快乐的人生》

明明任务就摆在眼前，已经看得见上司"催债"的嘴脸；明明只要轻轻抬手拨个电话、一点传真发封邮件，"再等等，就一下下"的心情依然支配了所有的行动。于是，天亮了又黑，"死期"将近，在渐渐沮丧的心情中，潜能的"小宇宙"却逼近爆发的边缘——一名拖延症患者诞生了。

"拖延"的特点有：①抗拒压力。因为每天压力很大，所以要做的事情一直被拖下来。②没有自信。每次完成任务都达不到自己最高的能力，对自我能力的评估会越来越低。③操控别人。他们着急也没用，一切都要等我到了才能开始。④受害者心态。我也不知道自己怎么会这样，别人能做的自己做不到。⑤"我太忙"。我一直拖着没做因为我一直很忙。⑥顽固。你催我也没用，我准备好了自然会开始做。

拖延，只会让目标遥遥无期，只会让他人领先。

当今社会是一个分秒必争的时代！美国上班族的午餐，都已经在办公室匆忙解决了,"有空再谈"已经成为他们在这股横扫全球的高效率风浪中的口头禅。但是,不少在商界做老总的朋友告诉我一个事实——很多本来可以优秀的员工,却在拖延的浪涛中被淘汰。

这个问题已经在世界上许多大公司绝迹,秉持"拒绝拖延"理念的美国埃克森·美孚石油公司就是其中一例。当然,"拒绝拖延"也是沃尔玛、通用汽车、德国电信、苏黎世金融服务、英特尔等知名大公司严格执行的员工行为准则。埃克森·美孚石油公司跃升为全球利润最高的公司,不仅是因为埃克森公司和美孚携手合作,更是因为它拥有一支绝不拖延的员工队伍。这家公司的实践再次告诉我们,"员工克服拖延的毛病,培养一种简便多效的工作风格,可以使公司的绩效迅速提升,使每一位员工的工作及生命都富有价值"。

感觉自己"不忙碌",就代表我们的"重要性"不够;我们感觉工作很多,实际上大部分时间都在打岔走神;拖延,不给自己的时间做主,那么,我们的时间就会沦为任何人、任何事都可以随意占有的"公共资源";任何憧憬、理想的计划,都会在拖延中落空;过分的谨慎与缺乏自信都是工作的大忌。立即执行,便会感到简单而快乐,拖延,便会感到艰辛而痛苦;拖延的习惯会消灭人的创造力;把今天的工作拖到以后去做,所耗去的时间和精力其实可以把今天的工作做好;慢工可以出细活,十年可以磨一剑,但是,一个美女也会在无休止的拖延中变成老太婆。

避免拖延的唯一方法就是随时主动地工作,和拖延症战斗。已经有了不少关于拖延的研究,提供了很多可借鉴的办法。比如,记录自己的拖延、制订合理的计划、奖励自己的不拖延、说服自己开始工作、哪怕只工作5分钟等。专家认为,要解决拖延问题,最重要的或许是不要一开始就指望根除它,而要把拖延作为自己的一部分从心理上接纳,不至于气馁下来半途而废。要与拖延战斗,耐心、宽容和坚持,三者都非常重要。

与其费尽心思地把今天可以完成的任务千方百计地拖到明天,还不如用这些精力把工作做完。而任务拖得越往后就越难以完成,做事的态度就越是勉强。在心情愉快或热情高涨时可以完成的工作，被推迟几天或几个星期后，就会变成苦不堪言的负担。在收到信件时没有马上回复，以后再拾起来回信就没那么容易了。

许多大公司都有这样的制度：所有信件都必须当天回复。

当机立断常常可以避免做事情的乏味和无趣。拖延则通常意味着逃避，其结果往往就是不了了之。做事情就像春天播种一样，如果没有在适当的季节行动，以后就没有合适的时机了。无论夏天有多长，也无法使春天被耽搁的事情得以完成。某颗星的运转即使仅仅晚了1秒，它也会使整个宇宙陷入混乱，后果不堪设想。

"没有任何时刻像现在这样重要，"爱尔兰女作家玛丽·埃及奇沃斯说，"不仅如此，没有现在这一刻，任何时间都不会存在。没有任何一种力量或能量不是在现在这一刻发挥着作用。如果一个人没有趁着热情高昂的时候采取果断的行动，以后他就再也没有实现这些愿望的可能了。所有的希望都会消磨，都会淹没在日常生活的琐碎忙碌中，或者会在懒散消沉中流逝。"

真理都是简单的，但也正因为简单而常常被人们忽视。也许有人会说，在合适的时候，拖延一下也是很有好处的。例如，在疲倦、沮丧或者愤怒的时候，中断工作比勉强继续的效果好，在没有足够的条件来完成某项工作的时候，暂时搁置等待条件的成熟；在有更重要的事情需要处理时，分清轻重缓急是有必要的；在准备应对危机却感觉很糟糕的时候，暂停应对以进一步做好准备，说不定就会柳暗花明。

实际上拒绝拖延并没有对合理的等待提出异议，它也相信优秀的员工都不会以此为拖延寻找借口，不会因此逃避真正需要马上执行的工作。

但时间一旦消逝永不回头，我们应该想想自己的生命大约还剩下多少时间，立即拒绝拖延，提升工作效率，从而给自己腾出更多的私人时间，在这个竞争激烈、迅速变迁的世界享受工作，享受人生。

⊙ 决定了就立刻去做

今天可以做完的事不要拖到明天。

——《成功之道全书》

在埃尔顿的农田当中，多年来横卧着一块大石头。这块石头碰断了埃尔顿的好几把犁头，还弄坏了他的农耕机。埃尔顿对此无可奈何，巨石成了他种田时挥之不去的心病。

一天，在又一把犁头被打坏之后，想起巨石给他带来的无尽麻烦，埃尔顿终于下决心弄走巨石，了却这块心病。于是，他找来撬棍伸进巨石底下，却惊讶地发现，石头埋在地里并没有想象的那么深、那么厚，稍使劲就可以把石头撬起来，再用大锤打碎，从地里清出。埃尔顿脑海里闪过多年被巨石困扰的情景，再想到可以更早些把这桩头疼事处理掉，禁不住一脸的苦笑。

遇到问题应立即弄清根源，有问题更须立即处理，绝不可拖延，就像故事中的埃尔顿一样。很多事情并没有你想象的那么困难，只要行动起来，就会在行动中找出解决问题的方法。

拖延是存在于每个人潜意识中的，不要让它成为习惯。拖延是把今天的担子，放在明天肩上，直到不堪重负，变成一个负不起责任的人。

我们在平常生活中，其实有太多应该做而没有做的事情，为什么呢？是没有想到吗？不是没想到，而是没有立刻去做，这是一个做事拖延的问题。因此，我们无论在什么时候，最好是"决定了就做"。当我们碰到问题时，如果必须做决定，就当场解决，不要迟疑不决。

赫赫有名的巴顿将军有一个十分有效的选拔军官的方法。他先派10个考察对象到一个偏僻的荒山野岭，挖一条2米长、1米宽、15厘米深的沟。这些人领了工具到工地去的时候，巴顿就躲在旁边观察。多数人要么一边走，一边纷纷抱怨天气冷、没有机械设备，也没有工程图；要么脸色阴沉，一句话也不说地赌气。

这时，其中会有一个人说："那个可恶的老家伙挖沟干什么，我们不用管，不过我们还是别磨蹭了，早点儿把活干完，不是就可以早点儿离开了吗。"这个人就是巴顿要提拔的人，一个不拖延，只想尽快把工作完成的人。

有些人虽然工作不多，时间也很充裕，可是却喜欢拖延。这是由性格决定的，就是该做的事情虽然想到了，却永远懒得立刻着手去做，用"等一下再做"来搪塞自己。养成"决定了就做"的习惯之后，我们就发现自己随时都有新的成绩：问题随手解决，事务即可办妥。这种爽利的感觉，会使我们觉得生活充实、心情愉快。

拖延的习惯，不但耽搁工作的进行，而且在精神上也是一种负担。事情未能随到随做、随做随了，却都堆在心上，既不去做，又不敢忘，实在比多做事情更加疲劳。做事有始无终，也会使自己心情上有负债感。无论大小事，既然已经开始，就应该勇往直前地做完。

在中国传统家庭里，在教小孩子写毛笔字的时候，无论发生什么新奇事、有谁来拜访，也不准孩子把一个字只写一半就扔掉。即使字写错了笔画，准备涂掉重写，也要写完了再涂。这正是教人善始善终，不忽视任何小节。在日常小事上养成有始有终的好习惯，将来走上社会才不会轻易半途而废。而现在的孩子学画画时，有时候在一张白纸上只涂了两笔，就揉成一团扔掉，再拿一张纸来画。浪费不说，还容易让孩子养成心浮气躁，不能善始善终的坏习惯。

有些东西在未完成的时候，不过是一些半成品或废物，而当我们付出以前一小半的精力把它们完成之后，就有了一件漂亮的成品。许多情况下，我们一开始凭冲动做了一阵，遇到困难或外力的干扰，渐渐有些厌倦，兴趣消失，信心也没有了，于是就半路停了下来。但是我们什么时候再开始呢？除非奇迹发生，不会再有机会了。

一次只做一件事，而且决定了就做，是解决拖延问题最有效的办法。

然而，避免拖延并不意味着可以草率做事，陷入只追求完成速度的误区。

一家跨国大型快餐连锁店派两个主管分别到两个地区考察市场。第一个经理来到目的地，看到街头川流不息的人流以及街边林立的餐馆，第二天就回去报告说："该地市场没有发展潜力。"结果被总公司以不称职为由撤职。第二个经理来到目的地，他先对当地几个主要街道上的餐馆分布情况进行了统计，然后在附近对不同年龄和职业的人进行询问，了解他们的口味需求。同时，他把当地的肉菜来源和米面质量都进行了了解，不仅如此，还分别带了一些样品回到总部，进行化学分析。经过对上述资料的汇总，他上报总部说："当地市场大有发展前途，但在店面和选址上需要用心计划。"

果然，该快餐店一开业，即在当地引起轰动，不到1年就收回了成本。

拖延是一种手段，做事快也不是目的，我们最终的目标是多快好省地完成工作，把一切完成得尽可能完美。只有这样，才能独树一帜，得到领导的提拔。

⊙ 别过分做准备工作

> 许多人的拖拉是因为形成了习惯，对于这样的人，需要重新训练。
> ——《成功之道全书》

拖延是一种习惯，立即执行也是一种习惯，但不好的习惯要用好的习惯来代替。当你开始拖延的时候，一定是你的优先顺序没有排列对，因为你不知道这对你有多重要。如果你拖延了，那么就等于你没做出选择。

从早上忙到半夜三更，第二天要交的工作报告才只写了一半。就连吉恩自己也觉得不可思议。上个周末，吉恩在家一天，想要完成一份周一要交的可行性报告计划书，从前一天开始下定决心干活，早上起来一直忙个不停：先洗晒了床单，正经地吃了早餐，打开电脑，回复了邮件和各种

第四章　卡耐基教你每天学一点超级自控力

聊天工具上的留言……杂七杂八地做了一堆无关紧要的事情，心里着急地想"快点写报告"，可就是硬拖到晚上都还没有开始！这个事实让他觉得更加焦虑，最后忙到半夜三更，报告却只写了几百字。他打算闭目养神一下，结果竟然睡倒在电脑椅上，张开眼睛时发现已经天亮了。

有此拖延习惯的绝不是吉恩一人，很多人都有这样的坏习惯。但是你拖延了，那就等于是没做，你的选择也将没有任何意义。

大学生培迪准备晚上7点开始学习。但因晚饭吃多了，所以他决定看一会儿电视。结果看了1个小时，因为电视节目很精彩。晚上8点，他坐在桌前正准备看书，突然想起来要给朋友打一个电话，一聊又是40分钟。接着他又被朋友拉去玩了1个小时的乒乓球。结果，他满头大汗，又去洗了个澡。洗完澡，觉得饿了，于是开始吃东西。本来计划挺好的，一个晚上就这样过去了。到了凌晨1点钟，他打开了书，但又太累了，集中不了精神看。最终，他还是去睡了。

培迪一直没能够坐下来看书，因为他花的准备时间太长了。这种"过分做准备工作的人"不计其数。一些推销员、经理、家庭主妇——他们在开始工作之前总是先聊天、削铅笔、读读报、擦擦桌子、泡杯茶，然后再开始工作。

有一种方法可改掉这种习惯，即告诉自己："我此时此刻已经一切就绪了，可以开始工作了。我拖延时间什么也得不到，我要把'准备'的时间和精力用于开始工作上去。"

一个人一旦有了拖延的习惯，每当想要拖延的时候，就应该及时转换想法。如果已经设定了期限就不会拖延，而且，那个期限如果是一定要完成的，无法再更改的，就没有拖延的借口。

仔细思考一下，拖延的事情迟早要做，为什么要等一下再做？现在做完等一下可以休息，有什么不好？现在休息，也许等一下要付出更大的代价。

想想，在日常生活当中，有哪些事情是你最喜欢拖延的，现在就下定决心，将它改善。

要当一个成功者，就必须积极地努力，不懈地奋斗。成功者从来不拖延，也不会等到"有朝一日"再去行动，而是今天就动手去干。成功者一遇到问题就马上动手去解决。他们不花费时间去发愁，因为发愁不能解决问题，只会不断地增加忧虑。当成功者开始集中力量行动时，立刻就兴致勃勃、干劲十足地去寻找解决问题的办法。

你遇见过那种喜欢说"假若……我已经……"的人吗？有些人总是喋喋不休地大说特说他以前错过了什么云山雾雨的成功机会，或者正在"打算"将来干什么渺渺茫茫或是惊天动地的事业。

失败者总是考虑他的那些"假若如何如何"，所以总是因故拖延，总是顺利不起来。

不要等待"时来运转"，也不要由于等不到而觉得恼火和委屈，要养成行动的习惯，凡事掌握其根源，必定会得到非常大的收获和成效，不管你现在要做什么事，请立刻行动吧。

⊙ 列出你的行动计划

我要采取行动，我要采取行动……从今以后，我要一遍又一遍、时刻都要重复这句话，一直到这句话成为我的呼吸一样。

——《快乐的人生》

下面是心理咨询专家为拖延时间者开出的一系列处方，供你选用，相信会给你带来奇异的效果，那么，就从现在开始，不再拖延，赶紧列出自己的行动计划吧。

不要把拖延看成是一种无所谓的耽搁。一个企业家可以因为没能及时做出关键性的决定而遭到失败。有时候，由于做妻子的懒得及时地洗碗铺床，也会造成一桩婚姻的瓦解。延误了看病的时间，会给人的生命带来无可挽回的影响。拖拖拉拉这个坏习惯不是无伤大局的，它是个能使你的抱负落空、破坏你的幸福，甚至夺去你生命的恶棍。

找出使你倍感苦恼的、习惯拖延的一个具体方面，然后去征服它。突破拖拉作风对你生活某一个方面的束缚，一种得到解脱和成功的感觉将会帮助你在其他方面战胜它。

为自己规定一个期限。但你不要暗地里规定一个期限，这样很容易被人忽视。要让其他人都知道你的期限，并且期望你能如期完成。

不要避重就轻。避重就轻是人的天性，但到头来只会导致问题铢积寸累，难上加难。

不要因为追求十全十美而裹足不前。有些人对采取行动望而却步，因为他们害怕自己干得也许不那么完美无缺。

让自己把握眼前的5分钟，并努力切实地生活。先不要考虑各种长期的计划，应争取充分利用眼前的5分钟做自己要做的事情，不要一再推迟可以给你带来愉快的那些活动。

现在就去做你一直在推迟的事情，比如写封信、实施你的写作计划。在采取实际行动之后，你会发现，拖延时间真的毫无必要，因为你很可能会喜欢自己一再拖延的这项工作。在实际工作中，你会逐步打消自己的各种顾虑。

问问自己："倘若我做了自己一直拖延至今的事情，最糟糕的结果会是什么呢？"结果往往是微不足道的，因而你完全可以积极地去做这件事。认真分析一下自己的畏惧心理，你会懂得维持这种心理毫无道理。

给自己安排出固定的时间，如周一晚上10点至晚上10点15分专门做曾被拖延的事情。你会发现只要在这15分钟内专心致志地工作，你往往可以做完许多拖延下来的事情。

要珍爱自己，不要为将要做的事情忧心忡忡。不要因拖延时间而忧虑，要知道，珍爱自己的人是不会在精神上这样折磨自己的。

认真审视你的现时，找出你目前回避的各种事情，并且从现在起逐步消除自己对真正生活的畏惧心理。拖延时间意味着在现实生活中为将来的事情而忧虑。如果你把将来的事情转变为现实，这种忧虑心理必然会消失。

节食、戒烟、戒酒——从现在开始！你现在就可以放下这本书，马上做一个俯卧撑，以此开始自己的锻炼计划。你解决问题的方法就是——从现在开始！立即采取行动！妨碍你采取行动的完全是你自己，因为你以前不相信自己的力量，做出了一些错误选择。你看，这多么简单——只要去做就行了！

以后当你觉得无聊的时候，积极利用自己的大脑。比如，在单调无聊的会议上主动提出一些问题扭转沉闷气氛，或者利用大脑做些有趣的事情，比如作首诗，要不就努力死记一大串数字，以增强自己的记忆力。下决心再不产生厌倦情绪。

当别人对你品头评足时，问问他："你以为我现在需要别人评论吗？"而当你意识到自己议论别人时，问问你身边的人，他是否愿意听你的评论；如果他愿意听，可以再问问他为什么。这样做会有助于你从一个评论家转变为实干家。

认真审视一下自己的生活。假设你今生今世还有6个月的时间，你还会做自己目前所做的事情吗？如果不会的话，你最好尽快调整自己的生活，现在就去做你最紧迫、最需要做的事情。为什么？因为相对而言，你的时间是很有限的。在时间的长河中，30年和6个月是相差不多的。你的全部生命只不过是短暂的一瞬间，因而在任何方面拖延时间都毫无道理。

鼓起勇气去干一两件你一直回避的事情：一个勇敢的行动可以消除各种恐惧心理。不要再强迫自己"干好"，因为"干"本身才是关键所在。

晚上睡觉之前，努力排除一切疲劳的感觉。不要以疲劳或疾病为借口拖延任何事情。你会发现，当疲劳或疾病失去其意义时，也就是说当它们不能成为你推迟工作的理由时，导致拖延的因素会"奇迹般"消失。

不要再使用"希望""但愿""或许"等词，因为这些词会促使你

拖延时间。每当你发觉自己的话里又出现这几个词时,就应该改变自己的话。例如,你应该:

将"我希望事情会得到解决"改为"我要努力解决这件事"。

将"但愿我心情会好一些"改为"我要做些事情,保持心情愉快"。

将"或许问题不大"改为"我要保证没有问题"。

每天都记录下你所发出的抱怨和议论。做这种记录可以达到两个目的:一方面,你可以意识到自己在生活中的评论行为,即你是怎样评论的,评论了多少次,评论的是什么人、什么事;另一方面,做这种记录是件令人头疼的事,这也会促使你平时不要再乱作评论和抱怨。如果你所拖延的事情涉及其他人(例如搬迁、夫妻生活或调换工作),你应该与这些人商量一下,听听他们的意见。要敢于摆出自己的各种顾虑,这样将有助于你认识到自己的拖延是否完全是出于主观原因。在知心朋友的帮助下,你们可以共同分析问题、解决问题。不久,你就会完全驱散因拖延时间而产生的忧虑。

与家庭成员制定一项协议,明确提出你想做而一直拖延的事情:一同打场球,出去吃顿饭。

你要是希望改变客观世界,就不要怨天尤人,而要做些实际工作。不要总是因拖延时间而忧心忡忡,并为此而陷入惰性,应该努力消除这一令人讨厌的误区,争取投身于现实生活!做实干家,而不是希望家、幻想家或评论家。

⊙ 情绪掌控术 斯迈尔斯的忠告

空谈无济于事,成功只垂青于那些立即行动的人。

——《快乐的人生》

成功学家塞缪尔·斯迈尔斯说:"想做的事情,马上动手!不要拖延。"这是斯迈尔斯的成功经验,他的这种经验,同样适用于任何人。

如何做到"想做的事，立即去做"？这就需要你养成从小事做起的习惯，当这种习惯深扎于你的内心之后，你就会达到"水到渠成"的境界。

斯迈尔斯曾向他的学生谈起他的成功之道，他说："我发现，如果我要完成一件事情，我得立刻动手去做，空谈无济于事！"斯迈尔斯的这句话放之四海而皆准。

很显然，要能马上行动，就要克服一种许多人常有的拖延习惯。

拖延是一种习惯，行动也是一种习惯，不好的习惯要用好的习惯来代替。

仔细思考一下，拖延的事情迟早要做，为什么要推后再做？立即做完以后可以休息，而现在休息，也许往后要付出更大的代价。

想一想，在日常生活当中，有哪些事情是你最喜欢拖延的？现在就下定决心，将它改善。

从最简单的事情开始，当你可以激发自己的行动力的时候，你会非常有冲劲，会非常想去完成一件事情。

拖延是行动的死敌，也是成功的死敌。拖延使我们所有的美好理想变成真正的幻想，拖延令我们丢失今天而永远生活在对"明天"的等待之中，拖延的恶性循环使我们养成懒惰的习性、犹豫矛盾的心态，这样自己就成为一个永远只知抱怨叹息的落伍者、失败者、潦倒者。成功学创始人拿破仑·希尔说："生活如同一盘棋，你的对手是时间，假如你行动前犹豫不决，或拖延行动，你将因时间过长而痛失这盘棋，你的对手是不容许你犹豫不决的！"拖延是这样可恶，然而却又这样普遍，原因在哪里？

成功素质不足、自信不足、心态消极、目标不明确、计划不具体、策略方法不够多、知识不足、过于追求十全十美，这些都是原因。

停止拖延，斯迈尔斯提示，立即去提高自己的成功素质，缺什么，补什么。

以下是斯迈尔斯对克服拖延、立即行动的对策探讨：

（1）做个主动的人。要勇于实践，做个真正在做事的人；不要做个不做事的人。

（2）不要等到万事俱备以后才去做，永远没有绝对完美的事。将来一定有困难，一旦发生，就立刻解决。

（3）创意本身不能带来成功，只有付诸实施时创意才有价值。

（4）用行动来克服恐惧，同时增强你的自信。怕什么就去做什么，你的恐惧自然会立刻消失。

（5）自己推动你的精神，不要坐等精神来推动你去做事。主动一点，自然会精神百倍。

（6）时时想到"现在""明天""下星期""将来"之类的句子跟"永远不可能做到"意义相同，要变成"我现在就去做"的那种人。

（7）立刻开始工作。不要把时间浪费在无谓的准备工作上，要立刻开始行动才好。

（8）态度要主动积极，要做出改变。要自告奋勇去改善现状；要自动承担义务工作，向大家证明你有成功的能力与雄心。

 如何在工作中充满活力

放松，再放松一些吧，会让你的工作完成得更加漂亮。养成良好的工作习惯，学会首先解决真正的问题，同时也别忘了保持愉快的心情。

⊙ 放松，再放松

过度紧张、坐立不安、着急以及紧张、痛苦的表情——这是一种坏习惯，不折不扣的坏习惯。

——《人性的优点》

要衡量一天工作的质量是否已经达到标准，不是看你有多疲倦，而是看你多不疲倦。

下面是一个令人吃惊而且非常重要的事实：单单用脑不会使你疲倦。这句话听起来非常荒谬，然而科学实验却证明了这一点。

那么是什么使你疲劳呢？心理治疗家认为，我们感到的疲劳，多半是由精神和情感因素引起的。

英国最有名的心理分析学家海德费在他的《权力心理学》里说："我们感到的大部分疲劳，都是心理影响的结果。实际上，纯粹由生理引起的疲劳是很少的。"

哪些因素会导致疲劳呢？当然是烦闷、懊悔、不受赏识的感觉以及忙乱、焦急、忧虑等。

这些感情因素使人容易感冒，使工作成绩下降。我们之所以感到疲

劳，是因为我们的情绪使身体紧张。

大都会人寿保险公司指出："忧虑、紧张和情绪不安，是导致疲劳的三大原因。"

为什么在从事脑力劳动的时候，也会产生这些不必要的紧张呢？海德费说："几乎所有的人都相信越困难的工作就越得用力做，否则就不能做好。"所以我们一集中精力就皱起了眉头，耸着肩膀，让所有的肌肉都"用力"，实际上这对我们的思考根本没有丝毫帮助。

碰到这种精神上的疲劳，应该放松、放松、再放松。

这很容易吗？不，你要花很大力气才能把大半生的习惯改过来。可是花这种力气是值得的。威廉·詹姆斯在那篇名为《论放松情绪》的文章里说："美国人过度紧张、坐立不安、表情痛苦，这是一种坏习惯，地地道道的坏习惯。"紧张是一种习惯，放松也是一种习惯，而坏习惯应该消除，好习惯应该保持。

怎样才能放松呢？是先从思想上还是先从神经上开始？都不是，应该先从肌肉开始，首先你要放松眼部肌肉，然后可以用同样的方法放松脸部、颈部和整个身体。

但是，你全身最重要的器官，还是你的眼睛。芝加哥大学的艾德蒙·杰可布森博士说，如果你能完全放松你的眼部肌肉，你就可以忘记所有的烦恼了。

在消除神经紧张方面眼睛之所以如此重要，是因为它们消耗了全身能量的1/4。这也就是为什么很多眼力很好的人，却感到"眼部紧张"，因为他们自己使眼部紧张。

以擅长写作长篇小说闻名的女作家薇姬·贝姆曾说，她小时候遇见过一位老人，教给她一生中所学过的最重要的一课。那时候，她摔了一跤，碰破了膝盖，扭伤了手腕，有个曾在马戏团当小丑的老人把她扶起来。在帮她把身上的灰尘掸干净的时候，那个老人对她说："你之所以会碰伤，是因为你不知道怎样放松自己。你应该假装你自己软得像一双袜子，像一双穿旧了的袜子。来，我来教你怎么做。"

那个老头就教薇姬·贝姆和其他的孩子怎样跑，怎样跳，怎样翻跟头，还一直教他们说："要把你自己想象成一双旧袜子，那你就能放松了。"

任何时候能够放松，任何地方都能够放松，只是不要花费力气去让自己放松。所谓放松，就是消除所有的紧张和力气。开始的时候，先想如何放松你的眼部肌肉和脸部肌肉，不停地说着："放松，放松，放松，再放松！"

要从脸部肌肉到身体中心，都能感到自己的体力。要使你自己像孩子一样，完全没有紧张的感觉。

这就是著名的女高音嘉莉·古淇所用的办法。海伦·吉卜生告诉我，他常常看见嘉莉·古淇在表演之前坐在一张椅子上，放松全身的肌肉，而且下颌松得像脱臼一样。这种做法非常不错，可以使她在登台的时候，不至于感到太紧张，也可以防止疲劳。

下面是帮你学会怎样放松的建议：

工作时采取舒服的姿势。要记住，身体的紧张会产生肩膀的疼痛和精神上的疲劳。

随时放松自己，使你的身体软得像一双旧袜子。我在工作的时候，常常在桌子上放上一双红褐色的旧袜子，提醒我应该放松到什么程度。如果你找不到一双旧袜子的话，一只猫也可以。你是否曾经抱过在太阳底下睡觉的猫？当你抱起它时，它的头就像打湿了的报纸一样塌了下去。印度的瑜伽术也教你，如果你想要放松，应该多去瞧瞧猫。我从来没有看过疲倦的猫，也没有看到过患精神分裂症、风湿病或担忧得染上胃溃疡的猫。要是你能学猫那样放松自己，大概就能避免这些问题了。

每天自我检查5次，问问自己："我有没有使自己的工作变得比实际上的更繁重？我有没有使用一些和我的工作毫无关系的肌肉？"这些都有助于你养成放松的好习惯。就像大卫·哈罗·芬克博士所说的："那些对心理学最了解的人都知道，疲倦有2/3是习惯性的。"

⊙ 在感到疲劳前休息

> 回到正常的生活轨道中去，抓紧幸福的手不要放松。
> ——《人性的优点》

休息并不是浪费生命，它能让你在清醒的时候，做更多有效率的事。

美国陆军曾经进行过几次实验，证明即使是年轻人——经过多年军事训练而很强壮的年轻人，如果不带背包，也要每行军1个小时就坐下来好好休息10分钟，他们行军的速度才能加快，而且比其他军队更持久。

也许你的心脏跟军人一样强健。你的心脏每天压出流过你全身的血液，足够装满一节火车上装油的车厢；你的心脏能完成这么多令人难以置信的工作量，可以持续50年、70年，甚至可能90年之久。这样一来，心脏怎么能承受得了呢？哈佛医院的沃尔特·加农博士解释说："绝大多数人都认为，人的心脏不停地跳动着。事实上，在每一次收缩之后，它有一段时间是完全静止的。当心脏按正常速度每分钟跳动70次的时候，一天24小时的实际工作时间只有9小时。也就是说，心脏每天的休息时间有15个小时。"

约翰·洛克菲勒有过两次惊人的记录：他赚到了当时全世界为数最多的财富，也健健康康地活到98岁。他如何做到这两点的呢？他家里的人都很长寿，这当然是最主要的原因之一。另外一个原因是，他每天中午在办公室里睡半个小时午觉。他会躺在办公室的大沙发上。在睡午觉的时候，即使是美国总统打来的电话他也不接。

丹尼尔博士有本名叫《为什么会疲倦》的书里说：

"休息并不是绝对什么事情都不做，人的休息其实是对身体上某些损失的修补。"

别小看短短的一点休息时间，它能产生很好的修补效果，即使只打5分钟的瞌睡，也有助于你防止疲劳。

爱迪生之所以有无穷的精力和耐力，他自己认为都来自他能随时想睡就睡的习惯。

当亨利·福特的80大寿即将到来的时候，我去访问他。我实在猜不透他为什么看起来那样有精神、那样健康。我问他秘诀是什么，他说："能坐下来的时候我绝不站着，能躺下的时候，我绝对不会让自己坐着。"

我曾经把这类方法介绍给好莱坞的导演试一试，他后来告诉我说，这种方法真的能起到很大的作用。

这位导演就是杰克·切尔托克，好莱坞最著名的导演之一。几年前他来看我的时候，他是米高梅公司短片部经理，他说他常常感到劳累和精疲力竭。他试过很多方法，喝矿泉水、吃维生素和别的补药，但对他一点帮助也没有。我建议他每天去"度假"。怎么做呢？就是当他在办公室里和手下开会的时候，躺下来使自己得到放松。

两年时间过去了，我再见到他的时候，他说："出现了奇迹，这是我医生说的。以前每次和我手下谈短片问题的时候，我总是坐在椅子里，身体和心理都处于紧张的状态。现在每次开会的时候，我躺在办公室的长沙发上。我现在觉得比我20年来都好过多了，每天能多工作2个小时，却没怎么感觉疲劳。"

如果你做打字工作，你就不能像爱迪生或是山姆·戈尔德温那样，每天在办公室里睡午觉；而如果你是一名会计，你也不可能躺在长沙发上跟你的老板讨论账目问题。可是如果你住在一个小城市里，每天中午回去吃午饭的话，饭后就可以好好地休息10分钟。这是马歇尔将军常做的事。在第二次世界大战期间，他觉得指挥美军部队非常忙碌，所以中午必须休息。如果你已经过了50岁，还感觉自己忙得连这点时间都没有的话，那么赶快趁早购买人寿保险吧。

如果你根本不可能睡个午觉，至少要在吃晚饭之前躺下休息1个小时，这比喝一杯饭前酒要便宜多了。而且算起总账来，比喝一杯酒还要有效5 467倍。如果你能在下午5点、6点或者7点钟左右睡1个小时，你就可以在自己的生活中每天使自己多清醒1个小时。为什么呢？因为晚饭前睡的那1个小时，加上夜里所睡的6个小时，共是7个小时，这对你的好处远比连续睡8个小时要多得多。

如果你从事体力劳动，休息时间多一些的话，每天就可以做更多的工作。

我们再来重复一遍：常常休息，照你自己心脏做事的办法去做——在你感到疲劳之前先休息，这样你每天精力充沛的时间，起码可以多一个小时。

⊙ 解决真正的问题

> 我们常花一两个小时开会讨论问题，却没有人明白真正的问题是什么。
> ——《人性的优点》

如果你是个生意人，也许会认为：这个标题真荒谬。我干这行已经十几年了，居然有人想要告诉我怎么消除生意上50%的麻烦——简直是荒谬绝伦。

这话一点也不错。如果我在几年前看到这样的标题，也会有这样的感觉。这个标题好像能帮助你，实际不值一文。

让我们开诚布公吧。也许我的确不能帮你解决生意上50%的忧虑，从我刚才分析的结果来看，除了你自己，没有人能做到这一点。可是，我所能做到的是，让你看看别人是怎样做的，剩下的就要看你了。

前面曾经提过世界著名的亚力西斯·柯瑞尔博士的这句话："不知道怎样克服忧虑的人，都会短命。"

既然忧虑的后果如此严重，那么，如果我能帮助你消除——即使是其中的10%，你也许会满意。我下面就告诉你一位企业家，如何不只消除了他50%的忧虑，还节省了70%过去用于开会、用于解决生意问题的时间。

照着做，你就能掌控情绪

当然，我不会告诉你那些根本无法证实的事情，这件事情的主角是一个活生生的人——里昂·胥孟津。多年来，他一直是西蒙出版社几个高层的主管之一，现任纽约州纽约市袖珍图书公司的董事长。

下面就是他的经验。

"15年来，我几乎每天都要花一半的时间开会和讨论问题。会上大家很紧张，坐立不安、走来走去，彼此辩论、绕圈子。一天下来我感到筋疲力尽。如果有人对我说我可以减去开会时间的3/4，可以消除3/4的神经紧张，我一定会认为他是痴人说梦。可是我却制订出一个恰好能做到这一点的方案。这个办法我已经用了8年。对我的办事效率、我的健康和我的快乐，都有意想不到的好处。

"下面就是我的秘诀：第一，我立即停止15年来我们会议中所使用的程序——我那些很恼火的同事先把问题的细节报告一遍，然后再问：'我们该怎么办？'第二，我定下一个新的规矩——任何一个想要把问题给我的人必须先准备好一份书面报告，回答以下四个问题：

（1）究竟出了什么问题？

（以前我们常常花上一两个小时，还没人弄清楚真正的问题在哪里）

（2）问题的起因是什么？

（我吃惊地发现我浪费了很多时间，却没能清楚地找出造成问题的根本原因是什么）

（3）这些问题可能有哪些解决办法？

（过去会上一个人建议采用一种方法，另一个人会跟他辩论。辩论常常跑题，开完会也拿不出几种办法）

（4）你建议用哪种办法？

（过去开会总是花几个小时为一种情况担心，不断地绕圈子，从未想过所有可行的方法，然后写下来：这是我建议的解决方案）

"现在，我的部下很少把问题拿上来了。因为他们发现，在认真地回答了上述四个问题之后，最妥当的方案就会像面包从烤箱中自动跳出来一样。即使非讨论不可，所花时间也不过是过去的1/3，因为讨论的过程有条理而且合乎逻辑，最后都能得到很明智的结论。"

法兰克·毕吉尔，这位美国保险业的巨子，运用类似方法，不仅消除了烦恼，而且增加了收入。他说："我刚开始推销保险的时候，对自己的工作充满了热情。后来发生了一点事，使我非常气馁。我开始看不起我的职业，几乎都要辞职了——可是我突然想到一件事，在一个星期六的早晨，我坐下来，想找出我忧虑的根源。

"我首先问自己：'问题到底是什么？'我的问题：我拜访过那么多人，成绩却不理想。我和顾客谈得好好的，可最后快要成交时，他们就对我说：'我再考虑考虑，下次来再说吧。'我又得花时间去找他，让我觉得很颓丧。

"然后我问自己：'有什么可行的解决办法？'回答之前，我当然得先研究一下过去的情况。我拿出过去12个月的记录本，仔细看看上面的数字。我吃惊地发现，我所卖的保险，有70%是在第一次见面时成交的；另外有23%是在第二次见面时成交的；只有7%，是在第三、第四、第五次……才成交。实际上，我的工作时间，几乎有一半都浪费在那7%的业务上了。

"那么答案是什么呢？很明显，我应该立刻停止第二次以后的拜访，空出的时间用于寻找新的顾客。结果令人大吃一惊：在很短的时间内，我就把平均每次赚2.7美元的成绩提高到了4.27美元。"

法兰克·毕吉尔现在每年接进的保险业务都在100万美元以上。可是他曾经想放弃他那份工作，几乎就要承认失败。结果呢，分析问题使他走上成功之路。

下面再列一下这几个问题，看看你是否也能应用它们：

（1）问题是什么？

（2）问题的成因是什么？

（3）可能解决问题的方法有哪些？

（4）你建议用哪种方法？

⊙ 保持愉快的心情工作

> 愉快实际上就是一种幸福，愉快的心情能够促进成功。
> ——《人性的优点》

工作的好坏和性情有很大的关系，愉快的心情能够使人工作效率更高，工作质量更好。最主要的原因就是愉快的心情能够增强人的忍耐力。一位神父说："要想成为合格的基督教徒，必须很好地控制自己的情绪。"实验证明，智慧来自愉快的心情和勤奋的努力。愉快的心情有助于高尚品质的培养，人生最大的乐趣就是轻松自在、明确自己的工作。

西德尼·史密斯曾经居住在约克郡的弗斯顿，他在那里做一名教区牧师。他工作的时候总是很快乐、很轻松，尽管他不喜欢这份工作。他有很强的决心，不管他做什么事情，总是要求自己做到最好。他曾经这样写道："虽然我不喜欢这份工作，但是我绝对不能放弃。我要改变自己，让自己善于从工作中发现快乐。不过这件事实施起来很难。给上级写封信，希望调动工作，其实很容易，不过我不会那样做。"

胡克教授为了追求自己的理想，离开了利兹。他在临走的时候说："我会认真对待每一份工作，并且会把它做好。不管我走到哪里都会这样。"

公益事业是一个漫长的过程。如果想把它做好，一定要有耐心，并且要长期努力。只有这样，才能看到成效。公益事业就像埋在积雪下的种子，经过漫长的冬季，春天到来时，它才会生根发芽，长出幼苗来。可是有很多公共事业家没等到结果，就去世了。罗兰·希尔算是幸运的一个，他目睹了自己努力的成果。他在格拉斯哥大学当教授时，非常勤奋，工作认真，终于研究出了社会改革措施。这些研究为《国富论》的写作打下了坚实的基础。70年后，这部作品才引起了重视，取得了一些成果。可是其他的作品仍然没有得到任何回应。

第四章 卡耐基教你每天学一点超级自控力

愉快地工作对年轻人来说很重要。因为愉悦的心情能够放松人的精神，从而提高工作效率。在面对困难的时候，只要我们心存希望，一定能够打败它。愉快的心情有助于我们走向成功，因为它能改变当前的形势。这种愉快不仅能够影响自己，而且可以感染他人。愉快的心情能够激起人们工作的热情。有了这份热情，即使在最普通的岗位上，也能把自己的能力发挥得淋漓尽致。并且工作的时候一定要全神贯注，只有这样，效率才会更高。

休姆是一个追求快乐的人。他认为，一个人只有心情愉快，才能看到事物最美好的一面，并从中体会到更多的乐趣。格兰维尔·夏普工作起来废寝忘食，但是他从来不会忘记，在工作的间隙放松一下自己。有时候，他会去邻居家里参加晚会。到那里之后，他会唱歌、吹笛子、吹双簧管。每周末，他都会去教堂演出。他偶尔也会画几幅漫画调节一下自己的情绪。

弗韦尔·布克斯顿也很喜欢放松自己。除了参加一些家庭活动之外，他会跑到乡村，和孩子们一起骑马。

阿诺德先生非常乐观。他热爱自己的工作，把全部精力都投入到了教育年轻人的事业中。他的自传得到了大家的好评，他在书里这样写道：

"拉勒汉派系最显著的特点，就是它的气氛特别轻松、愉快。即使一位刚来上班的人，也会感受到这份激情。这里的每一个人都会快乐地工作，并且工作的时候都很专注，因为他们的心情愉快。人们在这里都能体会到自己的价值，年轻人之间的交流非常热情，他们的内心深处充满快乐。"

"要想产生浓厚的热情和尊重之情，必须先学会尊重自己、尊重他人，知道自己在做什么，自己的职责是什么。这些都建立在真理和现实的基础上，它们都属于宽广、仁厚的品德。只有具备这种品质的人，才会意识到自己是为整个人类工作的。一个人会通过工作发展自己，社会也会通过人们的工作而发展。这里没有单方面的追求与不公平，也没有大家认为的好工作。人类的使命就是工作，在人们的意识中，只有平凡和认真。人们通过工作，可以提高自己的能力，只有不断提高自己，才会加速走向成功的步伐。"

阿诺德是勇士豪德森的老师，豪德森从这位伟大的老师身上，学到了很多有价值的东西。在他写给家人的一封信中，他提到了他的老师："他对我们的影响太大了，我在印度就能感受到，并且这种影响是永远挥之不去的。"

⊙ 情绪掌控术　养成良好的工作习惯

让我们晕头转向的并不是工作的大劳动量，而是我们不知道自己有多少工作、该先做什么。

——《人性的优点》

在工作中应该养成以下几种习惯。

1. 拿走你桌上所有的纸张，只留下和你手头事务有关的

这样你会发现你的工作更容易处理，也更有头绪可循。

一家新奥尔良报纸的某位发行人曾告诉我，他的秘书帮他清理了一下桌子，结果发现了一架两年来一直找不着的打字机。

如果桌子上堆满了信件、报告、备忘录之类的东西，就足以使人产生混乱、紧张和焦虑的感觉。更糟的是，它会让你觉得自己有100万件事要做，可根本没时间做，根本做不完。这种情绪会使你忧虑得患高血压、心脏病和胃溃疡。

芝加哥与西北铁路公司的董事长罗西·威廉斯说："一个书桌上堆满了文件的人，若能把他的桌子清理一下，留下手边待处理的一些，就会发现他的工作更容易，也更实在。我把这种清理叫做料理家务，这是提高效率的第一步。"

如果你到华盛顿的国会图书馆去，就会看到天花板上漆着11个字，这是名诗人波普写的：

"秩序，是天国的第一条法则。"

宾夕法尼亚州立大学医学院的约翰·斯托克教授，在美国医药学会全国大会上宣读过一篇论文，题目叫做《生理疾病引起的心理并发症》。在这篇文章中，他在一项"病人心理状况研究"的题目下列出四种情况，第一种是：

"一种必要或不得不的感觉，好像必须做的事情永远也做不完。"

著名的心理治疗专家威廉·山德尔博士，曾用简单的方法治愈了一位病人。

这位患者是芝加哥一家大公司的高级主管，当他初次到山德尔的诊所去的时候，非常紧张、不安，面临精神崩溃的危险。在就诊之前，他的办公室有3张大写字台，他把全部时间都投入工作堆里，可事情似乎永远也干不完。当他与山德尔谈过以后，回到办公室的第一件事就是清理出一大车的报表和旧文件，只留1张写字台，事情一到就马上办完。

于是，再没有堆积如山的公事威胁他，他的工作渐渐有了起色，而且身体也恢复了健康。

前美国最高法院大法官查尔斯·伊文斯·休斯说："人不会死于工作过度，却会死于浪费和忧虑。"

2. 区分事情的重要程度来安排工作顺序

创办遍及全美的市务公司的亨瑞·杜哈提说，不论他出多少钱的薪水，都不可能找到一个具有两种能力的人。

这两种能力是：第一，能思考；第二，能按事情的轻重次序来做事。

查尔斯·卢克曼，从一个默默无闻的人，在12年内变成了培素登公司的董事长，每年10万美元的薪金，另外还有100万美元的进项。他说他的成功原因是他具有亨瑞·杜哈提所说的几乎不可能同时具备的那两种能力。

卢克曼说："就我记忆所及，我每天早上5点钟起床，因为那时我的头脑要比其他时间更清醒。这样我可以比较周到地计划一天的工作，按事情的重要程度来安排做事的先后次序。"

富兰克林·白吉尔是美国最成功的保险推销员之一，他不会等到早晨5点才计划他当天的工作，他在头一天晚上就已经计划好了。他替自己定下一个目标——一天里卖掉多少保险的目标。如果没有完成，差额就加到第二天，依此类推。

如果萧伯纳没有坚持先做的事情就先做这一原则，那他一辈子就只能做银行出纳而不会成为戏剧家了。他拟订了计划，每天必须写作至少5页，他这样工作了9年。

就连漂流到荒岛上的鲁滨逊都有一个按小时制订的计划表。

当然，一个人不可能总按事情的重要程度安排计划，但按计划做事，绝对要比随心所欲去做好得多。

3. 当你碰到问题时，如果必须做决定，就当场解决，不要拖延

我以前的一个学生，已故的霍华告诉我，当他在美国钢铁公司担任董事的时候，开董事会总要花很长的时间，会议要讨论很多问题，但有结果的却很少。

最后，董事会的每一位董事都得带着一大包文件回家看。

后来，霍华先生说服了董事会，每次开会只讨论一个问题，然后做出结论，不耽搁、不拖延。这样所得的决议也许需要研究更多的资料。但是，在讨论下一个问题前，这个问题一定能形成决议。霍华先生告诉我，改革的结果非常惊人，也非常有效，所有的陈年旧账都了结了。日历上干干净净的，董事们也不必带着大包文件回家，大家也不再为没有解决的问题而忧虑。

这是个很好的办法，不仅适用于美国钢铁公司的董事会，也适用于你和我。

4. 学会如何组织、分层负责和监督

很多商人都在自掘坟墓，因为他们不懂得怎样把责任分摊给其他人，而坚持事必躬亲。其结果是，很多枝节小事使他们手忙脚乱，他们总觉得匆忙、焦虑和紧张。

一个经管大事业的人，如果没有学会怎样组织、分层和监督，那他很可能在50多岁或60出头的时候死于心脏病。

我过去觉得分层负责非常困难，而负责人如不理想也会产生灾难，但一个做上级主管的人如果想避免忧虑、紧张和疲劳，那他必须这样做。

第五章
墨菲教你用潜意识发现内心的强大

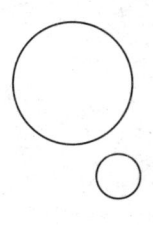

 墨菲奇迹的真相

世上既有拥有成功人生的得意之人,他们的成功让旁人艳羡不已,也有每天过着绝望日子的失意之人,虽然他们的才能不亚于他人,但总是事事不如意。两者之所以有天壤之别,是因为他们的心态和潜意识的使用方法不同。

因为潜意识具有将一切变为现实的力量,所以一旦使用方法出现错误,就会出现意想不到的结果。

⊙ 墨菲奇迹悄悄诞生于100年前

100年前,在美国洛杉矶的一个小教堂里,一位牧师悄悄地开始了他的演说人生。也就是在这个时候,引导众人实现充满幸福与爱之人生的"潜意识哲学"开始在世间大放异彩。

这位牧师的名字是约瑟夫·墨菲(Joseph Murphy)。出生于英国的墨菲,在爱尔兰和英格兰接受教育。之后,他远赴美国,以牧师的身份在洛杉矶的某个耶稣教堂讲授基督教的教义。

据说,他是一位睿智聪慧的牧师,除了精通基督教以外,他还拥有神学、法学、哲学、药理学、化学等多个学位。他不仅对世界三大宗教之一的基督教拥有浓厚的兴趣,还常常游览世界各大圣地,广泛阅读各种经典书籍。

因为拥有渊博知识的他,总是不知疲倦地不断探求人的精神层面以及真理,所以他成功迈进了比基督教教义更深的领域。

第五章 墨菲教你用潜意识发现内心的强大

在摸索的过程中,墨菲发现:人的灵魂深处藏有无穷无尽的伟大力量。而这种伟大的力量,正是引导人们走向幸福的无穷能量的源泉——潜意识。

关于墨菲的"潜意识哲学",迄今为止已出版过多本著作,每本著作都拥有为数众多的读者。因此,在某处听到或实际读过这些著作的人应该不在少数。

墨菲的"潜意识哲学"是发现最强大的自己、让自己拥有最精彩人生的原理、真理。

什么样的人生属于"最精彩的人生",答案其实因人而异。因为精彩与否,与每个人是否实现了自己期待中的生活密切相关。

有的人希望家财万贯,有的人安于清贫,只求精神愉悦;有的人希望飞黄腾达,有的人没有宏伟大志,只要做自己喜欢做的事就心满意足。

总之,对于幸福、爱和人生的最佳状态,每个人都有每个人的理解。

墨菲认为:只要彻底发挥潜意识的力量,每个人都能拥有自己梦想中的人生。让人惊讶的是,他的所有教义以具体实例为基础。如此富有说服力和吸引人的教义,过去未曾有,将来也难有。

很多人都知道,只要按照墨菲的方法使用潜意识,即使是难以实现的愿望,如期待奇迹发生等,也一定能实现。

墨菲如是说:"每个人的心中都有一个永恒存在的宝库。只要从宝库中拿出我们需要的财富,我们就能拥有充实、富足、快乐、幸福的人生。"毫无疑问,这里提到的永恒存在的宝库便是潜意识。

墨菲接着说:"想要从宝库中提取我们想要的东西,只要在心里许愿即可。只要在心中祈祷'你想要什么',你的愿望,不论什么愿望,都会一一实现。"墨菲的潜意识哲学从诞生到传播至全世界,只用了非常短的时间。这种发展势头,虽然让人震惊,但也在情理之中。

墨菲的潜意识哲学被称为"20世纪对人类幸福贡献最大的精神科学"。

进入21世纪，墨菲的潜意识哲学依然发挥着它那不可取代的神奇作用。此时此刻，它正在引导无数人走向幸福的人生。

⊙ 人为幸福而生

今天早上你睁开眼睛的时候，有什么感受？

"今天一定有好事情发生。"

这么想的你，兴奋地起床了。你的内心，如同朝阳升起一般，充满了耀眼的光芒。不仅如此，这种光芒还以迅雷不及掩耳之势洒向了你身体的每个部位。

与此同时，一股强大的能量从你心底涌现。你没有任何不安和恐惧，你坚信今天又会是崭新的一天。

你不仅拥有你最爱的人，还拥有值得信赖的工作同伴。不论是精神层面，还是物质层面，你拥有所有你需要的一切。

映在梳妆镜中的脸庞，没有一丝不快，满满的全是微笑。这张笑脸上，有你那坚不可摧的自信和开始新一天生活的喜悦。但现实永远不会这么完美！

今天又是忙碌的一天，工作堆积如山。家人各有各的问题，人际关系一团糟。

有待解决的个人问题，如潮水般涌来。

梳妆镜中的脸阴沉忧郁，浮现出的全是假笑。

有以上这些感受的你，如果不好好反思下你出生的意义，那么无论谁怎么开导你，都无济于事。

人是为了体验幸福才来到这个世界的。

那么，幸福的生活需要哪些条件呢？一份让你收获开心的有意义的工作，对你充满关心和爱的家人和朋友，足够维持生活的金钱，一颗宽大、知足的心……

请反复告诉你自己,你来到这个世界是为了让自己过上幸福的生活。

你能成为自己想成为的任何人。如果你想成为才华过人的企业家,你就能当一名企业家;如果你想成为开拓世界未来的卓越研究者,你就能当一名科学家;如果你想成为魅力过人的艺术家,你就能当一名艺术家。原因是:你降临人世时已拥有实现一切愿望的力量。

这股力量已藏在你身上多年。只要使用这股力量,你就能把你的人生变为幸福的人生。这股力量的源泉便是墨菲阐释的潜意识。

你的潜意识里,潜伏着一股助你实现愿望的神奇力量。唯潜意识才是引导人类走向幸福、让人类拥有无限可能性的源泉。

素有"美国心理学之父"之称的威廉·詹姆斯也曾说:"潜意识具有让整个世界转动的力量。"这句话是最好的验证。

⊙ 潜意识成就伟业

回顾人类历史,我们会发现,至今仍有很多奇迹是未解之谜。

4500多年前,古埃及人依靠人力打造出了欲与天公试比高的巨大金字塔。他们建造出的金字塔,不仅尺寸分毫不差、方方正正,而且历经数千年依然岿然不动。

体积庞大的金字塔还出现在墨西哥的原始森林里。

在中世纪登场的被称为人类史上最伟大天才的列奥纳多·达·芬奇,不仅精通绘画和雕刻,还在城市规划和飞行技术上拥有卓越的才能,至今让人惊叹不已。

把内心不断涌现的乐曲如实写下的莫扎特也为人所津津乐道。他创作的乐曲被称为天籁之音,至今仍能打动无数人,让人充满喜悦和兴致。

歌德、帕斯卡、莎士比亚、爱迪生、爱因斯坦,以及2011年去世的乔布斯,他们都为人类文化的进步和发展做出了杰出的贡献。他们创造的这些伟业,均与潜意识有关。可以说,是潜意识成就了他们的伟业。

他们之所以能成就一番伟业，是因为比起天赐的才能，他们更重视发挥潜意识的力量。

被称为"万能之人"的达·芬奇曾写下这么一段文字："古代人将人类称为小宇宙。我认为这个称呼十分恰当。因为人类有支撑肉体的骨架，而地球有支撑土壤的岩石；人类有肺，一张一缩间发挥着呼吸的功能，而地球有海，一天到晚潮起潮落，如同宇宙的呼吸；人类有血液之湖，通过分支血管给身体输送生命所需营养，而地球有无穷无尽的江河湖海，给地球的每个角落提供水分。"

如此严谨的论述仿佛是出自科学家之口，传达出了达·芬奇的感受：人和自然一样，拥有如同大海般无穷无尽的力量。

据说歌德在创作之前，习惯静静地闭上眼睛，和自己的内心对话。20世纪的天才爱因斯坦也曾说："一切从想象开始。"

通过以上例子我们可以看出，凡是成就一番伟业的人，都是知道潜意识的存在并最大限度发挥其作用的人。

迄今为止人类的所有创造和发明，都源自人类的想象力，即潜意识。如果没有潜意识，人类就不可能拥有电灯、汽车、飞机以及可治疗灵魂的艺术。而且，教育和医疗也无法发展。

可以说，人类创造的所有文明、文化，都和潜意识密切相关。

创造文明和文化的潜意识存在于任何一个人的身上，不仅我身上有，你身上也有。

只要你决定发挥它的作用，你的人生就能变为自己梦想中的精彩人生。每个人生来就拥有让自己过上梦想生活的能力。了解这一点后，剩下的问题是：如何活用这种能力，并彻底发挥它的作用。

⊙ 只要想象祈祷，愿望就能实现

墨菲并不是潜意识的第一个发现者。科学阐明潜意识存在的是伟大的

第五章 墨菲教你用潜意识发现内心的强大

精神分析学家弗洛伊德。

墨菲阐明了潜意识的运作机理：潜意识具有无穷无尽的力量，想要发挥它的作用，只需祈愿。

所谓想象、祈祷，即在心里描绘你想实现的愿望。换言之，这是一种在脑海里浮现念头和想法的行为。发现"想象力是创造一切的源泉"之人，在墨菲之前数不胜数。

17世纪的法国诗人帕斯卡曾说："想象力可以创造一切。它可以创造正义和幸福。拥有它意味着拥有了世界上的一切。"

"想象力支配整个世界。"这是拿破仑的名言。墨菲最伟大的地方是：在使用想象力发挥潜意识作用的方法中找出了规律和黄金定律。通过这些规律和黄金定律，我们可以清楚地看到如愿之人和不能如愿之人的区别。

谁都想幸福地生活。为此，谁都想拥有爱自己的人。恋人、丈夫或妻子、孩子、一起同心协力完成工作的同事和值得信赖的伙伴、比自己更了解自己的朋友等，没有谁不想拥有。

想从事自己喜欢的工作，想拥有丰厚的收入。想身体强壮、内心强大……谁都有各种愿望。但在现实中，既有实现幸福人生的人，也有过着不如意生活的人。都是期待"过幸福生活"的人，为什么存在这么大的差异？

墨菲清楚地解释了其中的缘由："所有人都在按照自己的想法生活。如果现实和想象相差甚远，一定是想象方式和祈祷方式出现了问题。"墨菲如此断言道。

那么，正确的祈祷方式应该是什么样的呢？墨菲如是说："只要大胆地祈祷'想要如何'，并相信它肯定会变为现实，就一定能梦想成真。"

想成为幸福的人、想拥有富足的生活、想在爱人的呵护下度过每一天……如此祈祷却没有实现愿望的人，不是没有彻底相信"愿望肯定会变成现实"，就是祈祷方式存在问题。

想要实现愿望，必须充分理解潜意识的运作规律。墨菲将这个规律称为"黄金定律（golden rule）"。现在，很多人都将它称为"墨菲法则"。

⊙ 潜意识拥有创造奇迹的力量

墨菲接着说道："所谓奇迹，即这个世界出现了不可能发生的事情。其实，任何地方都可以产生奇迹。对于相信潜意识的人来说，奇迹的出现是理所当然的事。"

在收录墨菲演说稿的著作《宇宙生命能量的惊人法则》（The Amazing Laws of Cosmic Mind Power）中，介绍了这么一个例子。

故事的主人公是一对住在加利福尼亚州的夫妇。这对夫妇在外出兜风时遭遇重大事故。丈夫在此次事故中丧生，而妻子却奇迹般地苏醒了。

妻子的骨盆多处骨折。医生的诊断是：即使治愈了也无法再用自己的脚走路。但是，完全相信"潜意识治愈力"的妻子没有心灰意冷。住院期间，每天早上和傍晚，她都会在心里想象如同事故发生前一样行动自如的自己。在想象的同时，她还不断地告诉自己："我的脚可以像我想象的那样活动，可以自由地活动。"此外，她还想象自己走路去听墨菲演说。

数月之后，骨盆奇迹般地康复了。正如她在心中想象的那样，她的脚活动自如。某一个周末，她以自己开车、用自己的脚走路的方式成功抵达墨菲的演说现场。展现在众人面前的她，与事故发生前一模一样。

⊙ 潜意识帮你拥有爱情、财富、健康

在人的一生中，想实现的愿望可谓数不胜数。我们的所有愿望，不论什么都可以借助潜意识的力量来实现。如果你想通过潜意识实现愿望，你唯一需要做的是"在心中如实描绘你想实现的愿望"。

威廉·詹姆斯曾说："想象是所有事态的开始。"此外，他还说：

第五章 墨菲教你用潜意识发现内心的强大

"我们这个时代最大的发现是，我们认识到改变心态就可以改变人生。"詹姆斯和墨菲差不多是同一时代的人。

在墨菲的著作中，通过改变内心想法成功改变人生的实例可谓数不胜数。以下这个例子便是其中之一。一个关于加利福尼亚州某公司董事长的故事。

公司刚刚成立没几个月，他就陷入了经营僵局。这时的他站在了选择的十字路口，不知是应该整顿事业，还是背水一战，为公司的重建作最后的努力。在所有人看来，重建意味着前方困难重重。几乎所有人都建议他趁亏损较少时整顿事业。

但是，曾经听过墨菲演说的他最终选择了重建之路。他在精力充沛地工作的同时，每天都在心中想象公司壮大后拥有大型工厂、宽敞办公室、宏伟研究所的美好景象。数年后，他在心中描绘的这些景象一一变成了现实。

最终，这位董事长将这家即将破产的公司培育成为拥有大型工厂、宽敞办公室、宏伟研究所的著名企业。他作为成功者中的佼佼者，备受世人尊敬和钦佩。

墨菲在著作中还介绍了一个借助潜意识的力量吸引优秀异性的实例。故事中的这个女孩在伦敦某公司担任某部长的秘书。她希望和自己的部长结婚。那时部长已成家，并有一个可爱的孩子。但是，她说她不介意。

"无论如何都要得到他"，据说她常常和身边亲密的人说这句话。她每天都在脑海里想象部长接受她后两人幸福生活的模样。但是，她并没有如愿。部长没有理睬她。最终因失意弄垮身体的她，不得不辞职了。

读到此处，或许很多人都会认为：即使每天在心中想象也有不能实现的愿望，说利用潜意识可以实现任何愿望是谎言。

请再往下看。实际上，她之所以那么迫切地想和部长结婚，不是因为她爱部长。有一天，她在偶然间看到了快乐度周末的部长一家人。她对一脸幸福模样的部长夫人起了妒忌之心。同样都是女人，为何自己还没结婚，也没有孩子？一想到这些，她就觉得部长夫人不可宽恕，自己一定要夺走她的幸福。

持有歪曲想法的她，无论怎么在心中想象和部长一起生活的幸福景象，都无法将这个想法传达给潜意识。因为潜意识只有在接受到真诚、毫不作假的愿望时，才真正开始发挥作用。

发现自己狂热追求部长是因为嫉妒部长夫人后，这位秘书离开了伦敦，来到一个远离伦敦的城市工作。她开始以一颗真诚的心不断祈祷，希望自己能遇到一位最适合自己的男子并和他结婚。

之后不久，她果真遇到了一位虽不富足但心地善良的科学家。结婚后，他们过上了甜蜜的幸福生活。

这个例子可谓是展示潜意识怎么运作的最佳实例。墨菲说："潜意识没有不能实现的愿望。财富、爱情、健康，潜意识具有实现任何愿望的能力。"只有不动歪心思，才能发挥潜意识的力量。只要你的想法中掺杂了一点歪心思，如设法让人陷入不幸、给人设置麻烦等损人利己的任性想法，愿望就不能实现。

⊙ 情绪掌控术 实现愿望的方法

实现愿望的方法非常简单。

具体操作方法是：

（1）先调整内心，使之处于平静的状态，然后在心中默念想实现的愿望。

（2）还可以在心中想象一些场景。比如在心中播放电影画面般不断想象愿望实现后的具体场景，这种方法也比较有效。

（3）在心中描绘得越具体，愿望就越能准确无误地实现。

（4）想要实现愿望，不需要艰苦非凡的锻炼和努力，但也需要一定的付出。不过，如果你想实现愿望的想法十分真诚、认真，即使十分辛苦，

第五章　墨菲教你用潜意识发现内心的强大

你也不会在意。

墨菲认为将愿望传达给潜意识的最佳时间是"即将入睡前"。墨菲将其称为"一边睡觉一边实现愿望"。

"如果心中有想要实现的愿望，最好躺在椅子或床上用心描绘你的愿望，并在不断描绘中进入梦乡。在你安睡期间，潜意识会朝着愿望的方向不断努力，并最终以具体的形式展现在你的现实人生中。"以上这段话来自墨菲的著作。这本著作还记录了墨菲的一次真实体验。

当时墨菲以洛杉矶为中心展开演说活动。有一次，墨菲被派往中西部地区演讲。演讲结束后他发现，中西部地区需要他帮助的人非常之多。为了让更多的人受益，他想定期在中西部举办演讲活动。但是，寻找一处无须花费经费的演讲会场，在当时而言，并不是件易事。而且墨菲所属的教会采取"不同区域由不同牧师负责"的任命制度，中西部不属于墨菲的管辖范围。因此，当时在中西部定期举办演讲活动是一个无法实现的愿望。

但墨菲没有因此而气馁。每天晚上，他都会躺在睡椅上静静地想象自己为挤满会场的中西部听众做演讲的样子，一个劲儿地祈祷这个愿望可以实现。据说有时候，他会以祈祷的状态进入梦乡。

不久之后，教会收到了一封电报。电报的内容是：中西部的某家教会邀请墨菲每周去做演讲。于是，墨菲开始在这个教会定期举办以潜意识为主题的演讲活动。其收获幸福人生的方法、潜意识的活用方法，逐渐在中西部市民间流传开来。

一边躺在睡椅上一边期待愿望可以实现的墨菲，就这样将愿望变成了现实。这是愿望可以在睡梦中实现的最好实例。

 潜意识的力量

墨菲说:"人,无论是谁,都可以得到想要的东西,实现自己的梦想,拥有最棒的人生。谁的身上,都藏有一股实现人生梦想的力量。"

如果你对现状还有什么缺憾,或对生活还有什么不满,原因就在于你还没有充分发挥潜意识的力量。而你需要做的是,从现在开始,更加大胆地使用潜意识。

潜意识的力量是无穷无尽的。无论你怎么使用,它不会有枯竭的那一天。只要你还生活在这个世界上,潜意识就一直存在于你体内。潜意识是存在于每个人心中的伟大力量。

⊙ 潜意识不会判善恶、断是非

在著作中,墨菲讲述了这么一个故事。

这是一个发生在某个商人身上的故事。他心爱的女儿得了一种原因不明的皮肤病,因为久病未愈,女儿变得郁郁寡欢。

医生告诉商人:"没有什么方法能救你的女儿。"

曾听过墨菲演说的这位商人,只要有时间,哪怕是工作间隙,都会在心中反复祈愿。

"我的手,失去一只或两只都没关系。只要能治好女儿的皮肤病,无论付出什么代价,我都无所谓。"

凡是为人父母应该都能理解他的这种心情:即使以自己的生命为代价,也想治好孩子的病。这属于人之常情。

数个月后，女儿的皮肤病开始以连医生都惊讶的速度逐渐康复。与此同时，她恢复了以往的神采和生气。

在从医院回家的途中，一家人遭遇了交通事故。夫人和女儿全然无事，唯独商人的一只手被压坏。最终，这只手被切除。

"即使失去一只手或两只手都愿意，只要治好女儿的病"，正如他的祈愿，这个想法变成了现实。

墨菲曾反复说过一句话："潜意识可以实现你的所有想法和愿望。"无论是错误的想法，还是歪曲的想法，潜意识都会如实帮你实现。因为潜意识不具备判断善恶、是非的能力。或许这正是潜意识是一种能量的最好证明！

联想一下电流。电流不具备判断善恶、是非的能力。只要摁下开关，它就能释放出能量。因此，电流在给街道带来光明、给工厂提供机械运转的动力的同时，也会导致善良的人触电而亡。水亦是如此。它既可以转动发电机，产生电力，也能形成大海啸，吞噬无辜的生命。之所以这样，是因为水仅仅是一种能量。

因为潜意识是一种能量，所以它只会按照你的指示行动。"治好女儿的皮肤病。实现这个愿望后，父亲失去一只手"，这个例子充分说明了这一点。

这个例子也告诉我们，如何正确使用潜意识至关重要。潜意识是伟大宇宙的能量。因为它是一种能量，所以正确使用它的人可以过上幸福的生活；反之，则会陷入不幸之中。

⊙ 潜意识与宇宙大爆炸一起出现

宇宙是如何诞生的？关于宇宙的诞生，有很多种说法。时至今日，相关讨论还在火热地进行着。在形形色色的论点中，最广为人所接受的是"宇宙大爆炸理论"。

大约在137亿年前，宇宙是一个温度和密度极高的能量集合体，既没有时间，也没有空间。但是，它并非什么都没有。

这个能量集合体经过不断膨胀后发生爆炸，即宇宙大爆炸。此次大爆炸后，构成能量的质子和中子、电子等开始发生连锁反应，并生成各种各样的物质。

伽莫夫等近现代宇宙物理学家，这么阐释宇宙的诞生：

地球诞生于宇宙大爆炸之后的91亿年，即距今46亿年前。大爆炸后，物质四处飞散。这些物质中的氢集合在一起，形成了恒星。其中一颗恒星再次爆炸，诞生了中心密度最高的"气"球。这个"气"球一边吸收周围的气体一边成长，最后发生氢核融合反应，形成光芒四射的气体集合体。这就是太阳。

太阳周围的气体漩涡绝大部分被太阳吸入内部，而拥有能与太阳的重力相抗衡的气体则既不会被太阳吸入，也不会飞出重力的控制。它们开始绕着太阳一圈一圈地转动。这些是行星。地球便是其中之一。

据我们所知，地球是太阳系中唯一存在生命的星球。因为太阳和地球间的距离十分微妙。离太阳近一些或远一些，生命都会因过热或过冷而无法生存。此外，由于太阳具有吸入、吹散气体的功能，所以比地球更靠近太阳的星球主要由固体物质构成，比地球更远的星球则以气体物质为主。

地球的物质构成非常均衡。水出现后，生命便诞生了。这么看来，地球真是一个幸运的星球。

在137亿年的时间里，太阳、行星、地球等相继诞生。之后，地球上不计其数的生命开始生长、发育。人便是其中之一。

物质、生命、动植物、人类……将这些统称为"物体"已是过去的说法。现在最新的量子力学将这些统称为"能量的移动"。

物质由分子组成，分子由原子构成，原子核利用内部提供的能量运动。换言之，我们可以认为，物质即能量本身，物质的存在即能量的移动。

让人惊讶的是，东方自古以来就有人主张这种说法。即物质不是有形的，而是在流动中形成的"气"。人的肉体也属于物质的一种。古代东方思想中的人类，是宇宙在流动的过程中形成的"气"。

现代最尖端的宇宙物理学和古代东方思想，观点几乎相同。这种看法的一致并非出于偶然。这是在告诉我们：人类感知智慧和真理的力量非常伟大。换言之，潜意识的力量非常伟大。

因《物质的究竟》等著作而闻名于世的美国物理学家海兹·帕格斯（Heinz R. Pagels）曾在书中如此写道："我们现在看到的这个世界，实际上由不可见的能量构成。"

据最新的量子力学理论显示，"存在于宇宙空间的任何东西都由同一种物质构成"和"只不过是物质和能量的状态不同而已"是目前的主流看法。

如果无限细分物质的构成要素，最终得出的答案是"原子"。如果再接着细分原子，我们会发现，在原子核的周围有电子和中子在转动。让人惊讶的是，这与地球等行星围绕着太阳转的模式几乎完全相同。

在量子力学的研究者中，有人认为，这个宇宙存在无限的可能，生命体是具体呈现这种无限可能性的"场所"。

毫无疑问，能量集中在一起并转化成物质，需要一定的条件。所谓"场所"，即条件完备的环境。而"我们"则可以认为是，"能量在地球这个'场所'作为生命体呈现的物质化存在"。简单地说，我们既是能量或意识等肉眼看不见的非物质存在，也是肉体等肉眼可见的物质存在。

我们生命体的本质是能量，而生命体的源泉是宇宙生命能量。请大家理解这一点。

以现代最尖端科学为依据的观点，与100年前的墨菲理论竟然完全吻合，确实是一件令人震惊的事。

⊙ 世上万物皆拥有无限的能量

墨菲提及的"潜意识拥有无限的能量"，并不仅限于人类。

"所有人都拥有无限的能量、无限的可能性。"

他在反复说这句话的同时，还认为，存在于这个世界的所有生命，比如野外的小花、空中的小鸟、池塘里的小动物等，都拥有宇宙生命能量。

这个说法虽然有些抽象，但应该不难理解。比如由风带来的一颗种子，落到地上后开始发芽。经过一个在种子阶段想都不敢想的精巧发育过程后，逐渐成长为小草、树木。

之前，"倔强萝卜"曾一度成为媒体热议的话题。一颗掉落在柏油路的小裂缝中的种子，最终成长为又壮又大的萝卜。这是萝卜种子拥有生命能量的一种表现。

一望无际的繁茂森林即使因为自然火灾而被烧成了灰烬，但生命仍然能重新复苏。在数年、数十年后，这片土地依然会郁郁葱葱。

探索频道再现过松林再生的场景。生命复苏的一幕，令观众无比感动。松塔是松树的种子。种子藏在如甲壳般摞在一起的一片片果鳞中。或许很多人都会认为，种子藏在坚硬的果鳞中是难以发芽的。其实不然。松林遭遇火灾后，松塔被大火弹到很远的地方。松塔因此躲过一劫。而如甲壳般坚硬的外壳因周围温度过高而向外裂开，把种子弹在了地上。

之后不久，松林因温度过高而出现大量的水蒸气，水蒸气遇到松林上空的冷空气后，形成滂沱大雨。这场大雨唤醒了沉睡中的松树种子。于是，松树种子开始生根发芽、茁壮成长，最终变成一片郁郁葱葱的森林。

如此精彩的过程是通过什么实现的呢？无论我们怎么思考，认为"这是宇宙生命能量带来的奇迹"都是最合理、最自然的解释。

⊙ 受精卵的奇迹

人体由60兆个细胞构成。但是，最开始的时候只是一个小小的受精卵。如今我们已能通过电子显微镜看到精子和卵子相遇、受精的过程。那一幕比任何一个剧本都让人感动。

实际上,有1亿多个精子同时向某个卵子发起进攻。能顺利与卵子合为一体并孕育成生命的精子是1亿多个精子中最棒的一个。

精子和卵子形成受精卵后,一分为二、两个分裂成四个、四个分裂成八个,不断发生分裂,并在胎内这个有限的环境中不断成长,最终以一声啼哭降临人世。这个时候,每个人都是完全不同于他人的生命个体。

地球的总人口现已有70多亿人之众。在这么多人中,没有完全相同的两个人。为什么每个人都是独特的个体呢?遗传基因能告诉大家答案。

遗传基因在哪里?是什么样的东西?构成人体的细胞,大小从1微米到数十微米不等(1微米等于1‰米)。在这么小的细胞的中心,有一个核,核中有染色体。

染色体由两条构成一对,一条遗传自父亲,另一条遗传自母亲。人一般有23对染色体,即46条染色体。

染色体包含一种名为DNA(脱氧核糖核酸)的呈双重螺旋结构的物质,遗传信息(基因组)便在DNA中。

据最新遗传科学数据显示,如果把每个基因组包含的信息换算成文字,厚达1 000页的百科辞典大约需3 000本才能记下。

小到连肉眼都看不到的细胞,正是依靠如此庞大的信息数据,让70多亿人都成长为不同于他人的个体。而且,细胞会不断更新。比如皮肤细胞的更新周期大约为28天。全身的细胞大约每4个月更新一次。每次更新,遗传基因的信息都会妥善交接。

蛋白质也是组成生命体的重要物质。遗传基因,可以说是蛋白质的设计图。

遗传基因之间保持着十分和谐的关系。比如,当某个遗传基因开始工作,其他遗传基因在接到相应信息后会调整状态,或停止工作,或朝着相反的方向工作,以便让全体保持和谐的状态。

在了解了细胞的结构后,你应该就能相信有一股力量无穷的未知能量正在你的身上运作了!

⊙ 弗洛伊德发现了潜意识

墨菲认为，宇宙生命能量潜藏于潜意识中，或存在于潜意识中。那么，潜意识究竟是什么？

比如，当你面临二选一的时候，深思熟虑之后选择了A方向。周围人都认为这是一个正确的选择。你自己也坚信选择A方向没有错。

尽管这样，你的内心还是出现了别的声音，如"选择A，真的正确吗""不应该选择B吗"等。你可曾有过这样的体验？

如这个例子所示，除了你自己认为是"意识"的意识外，还存在另外一个"意识"。19世纪德国精神分析学家弗洛伊德科学地证明了这一点。

英国哲学家伯特兰·罗素认为，"达尔文的进化论、爱因斯坦的相对论、弗洛伊德的潜意识证明"是为人类近代化做出贡献的三大伟业。

在弗洛伊德之前，感知到"意识水面下存在另一种内心活动"的人不在少数。突然涌现的预感、直觉等，都属于另一种内心活动。据说弗洛伊德是一个博学多才的人，每次新学说问世，他都能快速抓住其中要点，并以自己独特的形式展开分析总结。

在潜意识的研究上，也是如此。他将各种学说、周围学者的观点、从患者那儿得到的珍贵启发等融为一体，总结出"无意识""超自我"等与今天我们所说的潜意识相通的概念。他不愧是一位伟大的发现者。

⊙ 潜意识与显意识

弗洛伊德认为意识和无意识互相关联，无意识的力量非常强大。因此，他主张将无意识的力量与意识联系在一起，通过意识主导来发挥无意识的强大力量。换言之，弗洛伊德认为，通过意识可以挖掘出潜伏在无意识中的各种未知可能性。

弗洛伊德曾利用催眠术来证明无意识对意识的强大影响。这个观点与墨菲的潜意识哲学如出一辙。墨菲把潜意识（弗洛伊德说的无意识）比喻为冰山。墨菲在其著作《神奇的潜意识力量》（The Magic of Extrasensory Power）中，写下了这么一段话："你的内心无异于90%沉没于水面之下的一座冰山。你90%的生活都由沉没在水中的意识（潜意识）支配。你的潜意识信念指挥着、支配着、控制着你的所有意识行为。"

据最新的脑科学研究证明，我们只使用了极少一部分存在着的脑力量。人的大脑大约拥有140亿个神经细胞。而我们实际上使用的不过是其中的3%。剩下90%以上的神经细胞都处于未使用的休眠状态。墨菲用处于水面下的冰山来形容潜意识，着实让人惊叹不已。

爱迪生、爱因斯坦等被称为天才的科学家们，其使用的神经细胞也不过是6%~7%。换个角度说，只要发现隐藏在自己内心深处的宇宙生命能量并彻底使用它，谁都可以到达天才的境界。

"只要祈愿，任何愿望都能实现。潜意识会帮你实现。"墨菲的这句话没有任何夸张，也没有任何矫揉造作。

⊙ 情绪掌控术　请使用潜意识

来世间一回却不使用潜意识，简直是一种浪费！关于"潜意识为什么拥有无限的力量"这一点，现代的航天工程学、最尖端的物理量子力学以及生物学等各种科学理论都可以给出清晰的解释。但是，我们在使用潜意识时，并不一定非得知道这些晦涩的理论和学说。

1. 使用潜意识

其实，我们无须知道其背后的理论和学说。我们只要使用潜意识即可，只要用它创造出最佳人生就足矣。电流是存在于宇宙的能量之一。证明其存在的是在雷雨中放风筝并证实雷能是电流的富兰克林。如何做才能将电流转化为人类生活及生产活动不可或缺的动力？迄今为止已有为数不少的科学家和技术专家研究过这个问题。得益于他们的不断挑战和研究，我们拥有了如今这个光明耀眼的文明社会。

2011年，日本在大地震之后有一段时间曾实施计划停电的紧急对策。停电的经历让日本民众深切感受到了无电生活的水深火热。没有电，意味着照明、交通设施、电脑等都不能正常运作。换言之，从现代的都市功能，到生产设备、日常生活，所有的一切都顿时停止了。

但是，我们并不是非得理解电能的科学原理才能用电。实际上，对我们而言，用电是一件非常自然、理所当然的事。我们常常下意识地打开、关闭电器。爱迪生曾如此说道："什么是电，我们没必要思考。电就是电。你只要使用它即可。"潜意识的开发运用与此同理。

我们没必要思考"潜意识是什么"。连"潜意识是一种宇宙生命能量"我们都没必要知道。

潜意识就是潜意识，只要使用即可。

2. 万物皆以最佳状态生存着

墨菲认为，潜意识拥有的无限可能性适用于地球上的所有生命，人类以外的生物都以其最佳自然状态，悠然自得地开展着生命活动。

在这些生物中，也有因严峻的环境变化而濒临灭绝的生物。而让环境出现变化的正是人类。如果没有人类的错误举动，地球上的所有生命都能一边维持平衡状态，一边以最适合自身的生存状态生活下去。

无论哪种生命体都肩负着宇宙的137亿年的历史。换言之，地球上的所有生命体都是"宇宙进化历史"的浓缩体。

20世纪后半期，关于在那之前的生物分布，人类有了革命性的发现：地球上生存着1亿多种生物。现在生存在地球上的生物大约有200万种。这些生物都由原生生物进化而来。比如，动物以"鱼类—两栖类—爬虫类—鸟类、两栖类—哺乳类"这种形式展开多方向进化。虽然形式多种多样，但动物的遗传基因信息的运作机理和人类基本相同。

"地球上所有生物都拥有无限的能量。现在正在呼吸的你，身体深处也拥有无限的能量。"墨菲早在生物学大发现公之于世的半个世纪前，就宣布了这个观点。墨菲的教义，从不断进步的生物学的角度审视，也是不折不扣的真理。

3. 你握有人生的控制杆

为了实现幸福人生，我们该怎么做？潜意识听从显意识的指挥。通过有意识地传达某种想法，我们就能操控潜意识。

墨菲曾说："你是你人生之船的船长。"这句话说得非常浅显易懂。

船长可以按照自己的想法选择航路，按照自己的想法让船驶向目的地。但如果读错了航海图，或因没有正确操作罗盘针而驶向了错误的方向，船只就可能触碰暗礁、遭遇大风暴。船长拥有极大的权限。

如果你将"朝着这个方向努力"的想法传达给潜意识，无论是多大的惊涛骇浪，潜意识都会朝着你所指引的这个方向前进。

牢记这一点：你的人生由你自己创造。

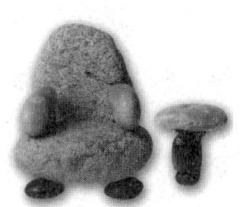

 健康与潜意识

"只要有健康的身体和自由自在的一天光阴,我就可使帝王的赫赫威严为之黯然失色。"正如爱默生所言,真正的幸福源自身心的健康。

主张人为幸福而生的墨菲也曾高声断言:"健康是人本来的姿态。"潜意识是生命体的根本能量,是身心健康的源泉。

⊙ 病在先,抑或心情在先

人的存在,是每个人身体内部的潜意识所拥有的宇宙能量的一种表露。原本每个人都应该是身心平衡的健康人。既然这样,人为什么还会生病呢?现在医学技术和预防医学这么发达,为什么还有这么多人为疾病而烦恼呢?特别是近年来,患抑郁症等心理疾病的人在不断增加。这又是为什么?

墨菲认为:"疾病是因肉体和精神不协调而暂时出现的一种状态。"这句话给了我们莫大的勇气。因为它让我们相信,疾病只不过是暂时出现的一种状态,只要保持身心平衡,朝着正确的方向努力,我们就能治愈疾病。

人非常脆弱。很多时候,头痛、脚痛、胃痛、牙痛、发烧等一点点小病,就会让我们无法集中注意力,心情忧郁。

我们心情低落是因为身体不适吗?抑或是因为心情沉闷,我们才身体不佳?"病在先,抑或心情在先?"从古至今,主张"病在先"的人和倡导"心情在先"的人展开过无数次讨论和交锋。最终,"心情在先"的观

点得到了更强烈的支持。

传统中医学认为，人就是内心和肉体的双重存在。所谓内心，即生命、精神、灵魂。换言之，精神推动了肉体的运动。精神处于正常状态时，人是健康的。精神错乱或歪曲时，人就容易生病。

古代中国人提出的看法，与墨菲阐释的以宇宙生命能量为核心的健康论，正好不谋而合。

⊙ 墨菲的心灵探索从治病开始

墨菲探索潜意识缘于年轻时的一次生病体验。年轻时，墨菲曾患有一种名为肉瘤的恶性肿瘤疾病（癌症）。肉瘤是一种形成于骨骼和肌肉的神经肿瘤。当时别说治疗方法了，连阻止其扩散的方法都没有，只能眼睁睁地看着病情恶化。

但是，墨菲没有轻言放弃。他尝试了19世纪伟大的治疗师菲尼亚斯·昆比博士的治疗方法，并最终取得了惊人的治疗效果。在这之后，他开始热衷于研究昆比博士主张的治疗方法。

昆比博士认为，消极的思想在体内凝结后便形成了肿瘤、结核等疾病。他提倡的治疗方法是"把注意力放在由上天决定的精神平衡、内心平静和健康上"。

具体的做法是每天诵读这么一段文字："把目光放在伟大的力量和爱上吧！创造一切事物的伟大力量正在某个地方发挥作用。向伟大的神传达你的愿望吧！他会给你的人生带来无限的恩惠。"墨菲每天早晚各花5分钟时间出声诵读这段文字。让人惊讶的是，被宣告是不治之症的肉瘤在3个月后消失殆尽。

昆比博士还向众人讲过这么一个颇有意思的故事。"17世纪之初，匈牙利首都布达佩斯曾被敌军包围。民众以及士兵因为维生素不足，饱受坏血病的困扰。这时，一个出自奥兰治亲王之笔的药方开始疯狂传播。据说由该药方配出来的药水十分有效。后来大家才知道，这种所谓的药水由多种颜色的水混合而成，并没有加入具有药效的东西。但是，相信这是'特效药'并喝下的人都见到了效果。"

拥有不治而愈体验的墨菲在看完这个故事后，更加直观地意识到了一点：人拥有无穷无尽的力量。在这之后，他开始致力于这种内在的伟大力量的研究和探索，并最终发现了"潜意识"的运作规律。数年之后，墨菲以洛杉矶教会为据点，为众多听众传授潜意识的伟大力量以及使用方法。

癌症复发是件恐怖的事。现在也是如此。

墨菲在完全治愈后，每天都和自己说以下这段话。在那之后，一次也没有复发过。

"我的肉体是完美无缺的潜意识创造的，它知道如何让我保持健康。我身体内部的无限力量，让构成我身体的所有细胞都保持健康的状态。非常感谢上天让我拥有如此健康的身心。"

被称为"医学之父"的古希腊时代的希波克拉底把人是否健康称为"Physis"，认为医生应采取的立场也是"Physis"。"Physis"的意思是"自然的（状态）"。

对人来说，健康是最自然的状态。所谓医学，即一种技术。当身体因为某些理由无法发挥自然力量的时候，医学可以让处于停滞状态的自然力量恢复能量，让身心保持自然状态。这是希波克拉底和东方医学对医学的定义。

墨菲在经历肉瘤不治而愈的体验后，发现了一个重要结论：让自己的身体出现奇迹的力量存在于每个人身上，这股力量可以解决人生中出现的所有问题。他把这个结论写进了著作《潜意识》（The Power of Your Subconscious Mind）中。

这本书是全球畅销书，至今依然被很多读者奉为引导他们走向辉煌的不朽名著。

⊙ 春不种，秋不收：最重要的"因果法则"

把愿望、想法传达给潜意识是一件十分重要的事。因为潜意识会如实实现你传达到的愿望和想法。向潜意识传达积极的想法，会出现好的结果；反之，则会出现坏的结果。换言之，潜意识会把你的想法，不论好坏，都一一变成现实。如果要用一句话概括这种现象，即"因果法则"。

直截了当地说，如果没有人制造原因，就不会有结果出现。谚语"春不种，秋不收"说的就是这个道理。现在你面临的现实，不论好坏，都是你一手制造的结果。

请想象草木在大地上生长的景象。大地具有为万物的茁壮成长提供营养的力量。但是，如果没有在大地上播撒种子，就没有这一片草木。

大树种子会成长成参天大树，杂草种子会成长成杂草；芳香四溢的大朵花种子会在大地上开出又香又大的花朵，毒草种子会在大地上形成一片茂密的毒草林。

这里不是在说园艺方面的知识。这是潜意识在将想法变为现实时的运作机理。你现在的人生，你现在面临的现实，都是你自身想法结出的果实。疾病最能验证这一点。

⊙ 引发身体不适的消极语言

无论是谁，都会祈愿自己是个幸福的人，那为什么还会有人出现身体不适、疾病等不良症状呢？

实际上，我们常常在不知不觉间向潜意识传达了不良暗示、消极想法。这是我们出现身体不适、疾病的重要原因。

"你真是一个让人头疼的孩子。""为什么尽做坏事？这样下去，你成不了气候。"

大人常常这么斥责孩子。这样成长起来的孩子，往往会在大脑中积蓄大量消极的想法。而最终的结果是，成长为一个没有自信的大人。

"反正我也不行……""我肯定做不好。""下一次注定还会失败。""生来运气就不好。""天生没有才能，努力也是徒劳。""都是我的错。""错失一次难得的机会，下次我再也遇不到这种好机会了。""已经无法挽回。""岁数真的大了，不行了。""事到如今还能做什么呢？""将来再也不会出现好事情了。""所有都结束了。"……

相信没有人可以很坚决地说从来没说过这些话。

非但如此，很多人还常常把它们挂在嘴边。有的话甚至成了某些人的口头禅。

这类否定自我的话会向潜意识传达消极的信息。而结果是，身心不适，并最终陷入疾病的泥潭。

⊙ 所有疾病都和压力有关系

让老鼠以及实验专用的小狗生病是件十分简单的事。只要给它们一些不愉快的刺激，比如电流刺激等，它们就会在短时间内出现胃溃疡、脱毛等现象。

很多实验也已表明，压力会引发很多疾病、恶化疾病。甚至一些无忧无虑的小孩也会因为精神方面的原因而陷入病态之中。

墨菲在著作中，介绍了这么一个例子。

有个经常发高烧的孩子，一发烧就高烧不退。因为这个缘故，他常常体力不支，成长也仿佛陷入了停滞状态。孩子的母亲除了唉声叹气，别无他法。医生每次都给孩子注射退烧药，但总是没有退烧的迹象。于是，这位母亲向墨菲求助，希望无论如何也要治好孩子的病。

墨菲用平稳的语气与这位母亲交谈。她告诉墨菲，她从生完孩子开始一直怀疑丈夫在外面有情人，每一天她都在分手和不分手间烦恼徘徊。想分手是因为想尽快结束这段痛苦的生活，不想分手是因为她还爱着丈夫。

这种不安的情绪直接传给了孩子。

孩子的成长需要父母的浓浓呵护。如果哺乳期间的母亲内心充满不安和恐惧，深深印在母亲潜意识中的想法就会直接传递给孩子的潜意识。这个孩子或许就是因为这个才常常高烧不退的吧！

墨菲劝导这位母亲说，怀疑丈夫就是对爱情的背叛。建议她：每天都用心感受自己对丈夫的爱并对丈夫说"谢谢"，反复告诉自己"这个孩子的所有细胞都拥有藏在潜意识中的和谐和健康。不论哪个细胞都充满无限的生命能量。这些能量是孩子不断茁壮成长的重要力量"。

这位母亲的做法很快就见到了立竿见影的效果，孩子从那以后再也没有发过高烧。

不久之后，这位母亲也意识到，怀疑丈夫有情人是完全没有根据的瞎想。因为她对第一次育儿充满了不安，所以产生了这些完全不存在的幻想。

很多儿科医生都认为，让父母和孩子饱受折磨的特应性皮炎和小儿哮喘，容易出现在父母双方均十分忙碌的家庭、夫妻关系不和睦的家庭。幼儿的生存必须依赖父母。因此，他十分容易受到父母精神状态的影响。

当然，孩子出现高烧现象并不全是母亲不安或夫妇不和引起的。但不排除有这种可能性。

毫无疑问，当孩子发烧或出现不适时，应马上就医，寻求治疗。与此同时，你应该相信，孩子也有潜意识，潜意识中充满了拥有强大自然治愈力的生命能量。

此外，父母和周围人的爱可以让孩子的潜意识发挥强有力的作用。周围人的平稳心态和相信绝对能治愈的强烈想法，可以最大限度地增强孩子的治愈力。

⊙ 治疗社会疾病的方法

现代医学认为，很多疾病都是由心理引起生理的身心性疾病。我们认为，这些身心性疾病的背后存在着由现代信息社会带来的社会性病灶。现代信息社会的特点是不安推动不安。

毫无疑问，不断反复报道"这是一个生存维艰的时代，这是一个闭塞的时代"的商业宣传，存在一定的问题。身心性疾病、抑郁症等精神疾病之所以会以前所未有的速度增长，原因之一便是放大报道社会黑暗面的媒体过多。媒体报道的大部分信息都符合真实情况，但存在很多夸大报道的信息也是事实。

人都不擅长应对不安情绪。当你越来越不安的时候，就越想看电视、看杂志。我认为商业宣传可以制造不安也是出于这个原因。

优质媒体的报道正确而不失公正。如果我们可以从鱼龙混杂的各类报道中挑选出优质的报道和信息，就应该能把故意煽动民众不安的报道剔除出去。

从某种程度上说，社会也是大家想法的一种呈现。如果大家持有正确的想法，看到的社会就是一个和谐的社会；反之，如果持有不安和恐惧等歪曲的想法，看到的社会就是歪曲的、消极的。

即使社会中的问题堆积如山，明天的太阳依然会照常升起。请大家用积极的心态展望未来，千万不要被宣传报道误导。这是重建和谐社会的最有效的方法。

墨菲认为，否定自我的语言和嫉妒、怨恨、生气等情绪均是"投给潜意识的毒物"。

用否定自我的方式伤害自己不是你来到这个世界的初衷。你应该将"生命能量的养分——积极肯定的想法"不断注入潜意识中。

无意识间说的"如果如何就好了""要是那样就好了"，对潜意识来说，也是一种毒物。

因为不论哪句话都是在否定现在的自己。

如果想表达相同的意思，你可以很直接地说"我想如何"。请大家切记，哪怕是一点点的消极想法，潜意识都会敏锐地接受到。

第五章 墨菲教你用潜意识发现内心的强大

⊙ 安慰剂效应

积极的想法在给潜意识积极的影响后，可以让其发挥恢复健康的力量。这一点已得到现代医学的肯定。实际上，在我们向厚生劳动省（注：日本负责医疗卫生和社会保健的主要部门）申请药物许可时，并不能将这部分非药物效果列在提交的疗效数据中。

心理学上有一个定律"安慰剂效应（placebo effect）"！以给感冒患者配药为例。假如医生在把普通药粉递给感冒患者时说"这是感冒特效药"，很多人的症状都会得到大幅度的缓解。"我吃了非常有效的感冒药。所以感冒会很快痊愈。"当这种积极的想法传给潜意识后，身体就会产生"安慰剂效应"。Placebo是拉丁文，意思是"使我欢喜"。

因此，如果想要证实药物的本来效果，就必须将服用真药的小组和服用假药的小组放在一起做对比实验，以得到将安慰剂效应排除在外的显著性差异。

⊙ 用于医疗现场的潜意识之功效

如果相信"正在好转"，治愈力就会大幅度提升。这种事例大量存在于医疗现场，其数量之多远超你的想象。而且，最近越来越多的医生开始将大笑等积极情绪治疗法引入治疗中。

在癌症治疗领域，将精神疗法引入治疗的精神肿瘤学备受推崇。其中，效果最为明显的是"西门顿疗法"。

正如名字所示，这是西门顿博士开发的一种疗法。具体做法是：患者每天反复想象自己"在与癌症勇敢抗争后取得胜利并恢复健康的美好景象"。此外，西门顿博士建议患者忘记被癌症折磨的痛苦，感谢上天让自己拥有今天的生命。

采用西门顿疗法的结果是：在被诊断为癌症末期、只剩下12个月生命的100多人中，超过22.2%的人癌症消失，19.1%的人病灶缩小。此外，27.1%的人症状平稳，过上了平静的生活。但遗憾的是，31.6%的人发现了新的癌症细胞。

现代医疗的目标是，为患者保持良好的精神状态、多过一天充满幸福感的生活提供援助。比如，迄今为止，可以破坏癌细胞但无法保证治疗后生活质量的治疗方法，只有少数医生会向患者推荐。

墨菲对健康人的定义是"可以不断涌现、不断感受到、不断体现人类本来拥有的幸福感、富足感、充实感和内心平静感的人"。实际上，墨菲还认为，满怀希望地过着每一天的人，即使身体某处有疾病，也不能称之为"病人"。

精神健康可以战胜一切困难。它是提高自然治愈力，让肉体恢复健康的原动力。

⊙ 世上也有幸福减肥法

法国有位超红模特在电视上公布了自己的减肥法。

从十几岁开始担任杂志模特的她，是时尚界的领军人物，一直备受公众关注。收入也十分可观，远远超过同龄女性。当时无人不羡慕她，无人不喜欢她。她对自己的表现也十分满意。

从25岁开始，她开始逐渐发胖。等她注意到时，她的身材已胖得走形了。之后，工作开始大幅度锐减。每次到事务所，领导都警告她："如果下次现身前再不减肥，我就解雇你。"

她自己也知道，镜子中的自己已和模特体形相差甚远。为了恢复之前的纤细身材，她开始刻苦减肥，如减少食量、尝试水疗减肥法、游泳、跑步等。

但是无论哪种减肥法，效果都是暂时的。往往是在一番努力之后刚看到成效，就遭遇了体重反弹。无奈之下，她离开了模特俱乐部。据说没有工作的她就在家待着。房间里到处贴着模特时代的苗条身材的照片，衣橱里塞满了模特时代的时尚服装。在这期间，她在心中不断描绘"成功瘦身后穿着这些衣服的她被周围人称赞'漂亮''真棒'"的场景。

因身体发福而情绪低落的她，开始沉浸在幸福的想象之中。她不断想象自己再次参加走秀活动、再次站在摄像机前的动人姿态。

自从离开模特俱乐部后，很长一段时间她都没有称体重。有一天，她惊奇地发现，自己瘦了数千克。之后，她不断在心里描绘自己成功瘦身后的幸福模样。最终，她成功瘦下了近20千克。

现在的她，正如她在心中描绘的一样，重新站在了走秀的舞台上。不仅如此，她现在的人气远远超过过去，很多人气杂志都将她奉为名模教主。

以前尝试过的各种痛苦减肥法都没有如此惊人的效果。分析其原因，主要是因为她在心中不断描绘自己成功瘦身后重返模特舞台的动人姿态，所以食欲自然减退。久而久之，便恢复了以前的纤细身姿。她将这种减肥法称为"幸福减肥法"。目前她正在向周围的人大力推荐这种减肥法。

毫无疑问，她是在不知不觉间发挥了潜意识的作用，通过潜意识的力量实现了"想瘦身""想重返模特舞台"等愿望。

这个例子告诉我们，潜意识是一种可以帮助我们实现任何愿望的万能能量。没有实现愿望的人，仅仅是因为没有正确使用潜意识而已。

马上开始用正确的方法向潜意识传达你的想法吧！相信你的人生从此一定会发生显著的变化。

⊙ 对疾病也要说声"谢谢"

为什么消极想法会危害健康呢？有人认为该现象拥有超越人类智慧的深远意义。

人虽然聪明、深谋远虑，但总有不安、不满的时候。墨菲认为，人只对两件事怀有害怕心理，一是从高处落下东西，二是突然出现的巨大声音。这是人与生俱来的正常反应。换言之，是正常的心理。而除此之外的不安，就是给潜意识输送"毒药"。

生病的人会比生病前更加多虑，也有更多时间反省以前的想法是否歪曲。换言之，生病给我们提供了一次检查自己的担心和害怕是否多余的机会。

"生病不过是一个迈向更高人生平台的过程。"正如瑞士哲学家卡尔·希尔逊所言，人可以以生病为契机，端正自己的歪曲想法，让自己向更高的人生平台迈进。如果按照这个想法，我们甚至应该对疾病说声"谢谢"。

安德鲁·威尔是一位研究古今东西方传统医疗并提倡整体医疗的美国健康医学研究者。他提倡的整体医疗通过引入传统医疗的成果，可最大限度地发挥自然治愈力的作用。现在，他的影响力正在世界上不断扩展。

他在世界型畅销书《不治而愈的心》（Spontaneous Healing）中如此写道："当你把生病视为你获得成长的绝佳机会、上天的馈赠时，自然治愈力便开始发挥作用。如果向疾病传达你的感谢之情、喜悦之情，不仅每个细胞会开心，自然治愈力也会提升到最高水平。"

整体医疗的高度流行说明了一点：墨菲的潜意识黄金定律在医学上也被奉为真理。

健康和幸福是同义词。为幸福而生的人类，与疾病对立而存在。

每天当你醒来的时候，请相信这又是美好的一天。当一天结束的时候，请以"感谢美好的今天、相信明天会更加美好"的心情入睡。

不论是多么艰难的一天，你也要感谢终于熬过如此艰难一天的生命力。感谢之情会在你入睡期间调动潜意识的力量，为明天崭新的你输送新的能量。只要坚持这么做，你的人生一定会走向辉煌。

⊙ 情绪掌控术　实现奇迹般痊愈的三大步骤

在墨菲的著作中有这样一个例子：一位深受重度高血压折磨的男士在

第五章　墨菲教你用潜意识发现内心的强大

和墨菲谈话时，突然意识到自己对弟弟怀有强烈的憎恨情绪。改变对弟弟的看法后，他意识到之前是自己对弟弟有所误解。当他不再憎恨弟弟后，血压也越来越平稳。

还有一个例子：一位因患肾脏病而无法过普通人生活的青年，每天晚上都默念："我拥有强大的自然治愈力。"不久之后，他以连医生都很惊讶的速度恢复了健康。发挥自然治愈力的力量成功战胜病魔的例子，现实中可谓数不胜数。

关于这种现象，墨菲在著作中写下了自己的见解。

"野生动物既没有医生也没有药，但都生活得很好。这是为什么呢？原因是宇宙中普遍存在着治愈力。毫无疑问，人类也拥有这种自然治愈力。但是，我们人类还拥有阻碍这种力量彻底发挥的东西。"

墨菲在著作中以"实现奇迹般痊愈的三大步骤"为题，介绍了治愈疾病和创伤的三大步骤。

（1）从现在起不要想象疾病或创伤加重后的场景。

（2）不要回忆过去、后悔做过什么。

（3）提高你的自然治愈力。

只要相信自己一定能治愈，不断想象自己在疾病和创伤治愈后健康生活的模样，就能明显提高自然治愈力。

此外，如果忘记了自己已生病这个事实，就能不再关注自己的症状。而如果不再关注自己的症状，就能用常人之心看这个世界。

某风湿病专科医生曾在其著作中提到：以他的丰富经验来看，可以治愈难治之症的只有"对疾病抱达观态度的人""忘记疾病的人""为他人忙前忙后的人"这三类人。

所谓"对疾病抱达观态度的人"，即不再为疾病烦恼、与目前症状和平共处的人。

所谓"忘记疾病的人"，即忙着忙着就忘记疾病存在的人。

所谓"为他人忙前忙后的人"，即忙着为社会作贡献的人、忙着照顾孩子或父母的人。虽然他们有时会忘了吃药，但症状却会在不知不觉间得到明显缓解。这种例子确实存在。

让人惊讶的是，这位医生的经验之谈与墨菲的实现奇迹般痊愈的三大步骤，几乎一模一样。

在医疗技术高度发达的现在，很多人依然认为只有医生才能治好疾病。不论是患者还是医生，都有不少人持有这种想法。其实这种想法有些傲慢。

包括人类在内的所有生命体都拥有治愈力。确实，现在的医学取得了惊人的进步和发展。如果iPS干细胞（诱导性多能干细胞）能获得进一步的发展，科学家们就能制造出可供身体各部位使用的万能细胞，医学也能获得飞跃性的发展。但是，至少在现阶段，不论是多么精巧的人工制品，都无法与我们自然拥有的东西相匹敌。

无论医学怎么发达，人都无法空手制造细胞。如果大家意识到这一点，就会以更加谦虚的态度对待自然治愈力。

医生的作用是帮助患者击退细菌和病毒、摘除给患者带来痛苦的患部、为患者创造更易发挥自然治愈力的环境并提供相关支持。我认为在现代医疗中，自然治愈力是疾病治疗的核心。